IT Text 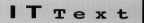情報処理学会 編集

音声認識システム 改訂2版

河原達也 編著

Ohmsha

情報処理学会教科書編集委員会

編集委員長　阪田　史郎（千葉大学）
編集幹事　菊池　浩明（明治大学）
編集委員　井戸上　彰（株式会社KDDI研究所）
（五十音順）　大河内正明（前　日本アイ・ビー・エム株式会社）
　　　　　　駒谷　昇一（奈良女子大学）
　　　　　　坂下　善彦（湘南工科大学）
　　　　　　辰己　丈夫（放送大学）
　　　　　　田名部元成（横浜国立大学）
　　　　　　平山　雅之（日本大学）
　　　　　　山本里枝子（株式会社富士通研究所）

（平成27年9月現在）

本書を発行するにあたって，内容に誤りのないようできる限りの注意を払いましたが，本書の内容を適用した結果生じたこと，また，適用できなかった結果について，著者，出版社とも一切の責任を負いませんのでご了承ください．

　本書は，「著作権法」によって，著作権等の権利が保護されている著作物です．本書の全部または一部につき，無断で次に示す〔　〕内のような使い方をされると，著作権等の権利侵害となる場合があります．また，代行業者等の第三者によるスキャンやデジタル化は，たとえ個人や家庭内での利用であっても著作権法上認められておりませんので，ご注意ください．
　　〔転載，複写機等による複写複製，電子的装置への入力等〕
　学校・企業・団体等において，上記のような使い方をされる場合には特にご注意ください．
　お問合せは下記へお願いします．
　　〒101-8460　東京都千代田区神田錦町3-1　TEL.03-3233-0641
　　株式会社**オーム社**書籍編集局（著作権担当）

はしがき

　音声認識は長い間 SF の範疇にあり，なかなか実用レベルに到達しない技術であった．しかし 21 世紀に入って，機械学習の方法論と計算機・情報通信技術（ICT）の進歩に伴って，飛躍的な性能改善を遂げ，さまざまな実用化が行われた．今では，スマートフォンに搭載されている音声検索やアシスタントアプリは多くの人に認知されている．また，テレビ放送の字幕付与や国会の会議録作成に音声認識技術が導入されるに至っている．

　音声認識技術について端的に述べると以下のことがいえる．

(1)　音声認識システムは複雑なシステムである．
　　音声認識システムは，音声分析，音響モデル，言語モデル，探索アルゴリズムといった多様なモジュールから構成される．実際にこれらは，音声学，聴覚モデル，ディジタル信号処理，パターン認識，自然言語処理，知識表現，探索アルゴリズムなどの幅広い分野からの成果である．このことは，人が言葉を認識する過程がきわめて高度であることを示唆している．

(2)　音声認識の原理はきわめて単純かつ普遍的なものである．
　　現在の音声認識は音響モデルと言語モデルの確率的なモデル化に基づくものであり，大規模なデータベースを用いた統計的な学習により実現される．世界中のほとんどすべての音声認識システムがこの単純な原理で動作している．

(3)　普遍的・万能な音声認識システムが存在するわけではない．
　　原理は普遍的でも，アプリケーションごとに大規模なデータベースを収集してモデルを学習する必要がある．例えば，カーナビと携帯端末とロボットで用いられるモデルは全く異なる．具体的には，使用環境（＝話者層・入力音響環境）に応じて音響モデルを，タスクドメインに応じて言語モデルを用意する必要がある．

(4) 現状の音声認識技術は外国語話者レベルであり，母国語話者レベルの頑健性・柔軟性は今後の課題である．
現在のシステムは基本的に，入力が音響的にも言語的にも明瞭であることを前提としており，人間どうしの話し言葉の認識や種々の雑音下での認識は現在の中心的な研究課題である．例えば，ニュース音声の書起しはできても，実環境での日常会話の聞取りはほとんどできない．

私が音声認識研究を始めたのは 1990 年頃であるが，その後 20 年余の間，音声認識の基本的な枠組みはほとんど変わっていない．本書の第 1 版は，その枠組みが確立された 2000 年頃に，基盤ソフトウェアの開発や講習会などの活動を通した成果・知見をまとめたものであった．その後も，本書をもとに講習会を毎年開催してきたが，さすがに構成や記述に古い箇所が目立つようになった．さらにこの数年の間で，ニューラルネットワークに基づくモデルが従来の手法を置き換えるに至っている．これらをふまえて，15 年ぶりに改訂版を執筆することになった．

本書の記述内容が今後どのくらい通用するのか気になるが，普遍的・万能で母語話者レベルの音声認識システムが遠くない将来に実現されることを期待する．

2016 年 8 月

著者を代表して　河 原 達 也

編者・執筆者一覧

河原　達也	京都大学大学院情報学研究科知能情報学専攻		全般の改訂・編集，第 1，4，7 章
	(京都大学大学院工学研究科修士課程修了，博士（工学）)		
秋田　祐哉	京都大学大学院経済学研究科		第 9 章
	(京都大学大学院情報学研究科博士後期課程修了，博士（情報学）)		
伊藤　彰則	東北大学大学院工学研究科通信工学専攻		第 6 章，付録 A
	(東北大学大学院工学研究科博士課程後期修了，工学博士)		
伊藤　克亘	法政大学情報科学部ディジタルメディア学科		第 6 章
	(東京工業大学大学院情報理工学研究科博士課程修了，博士（工学）)		
小林　哲則	早稲田大学理工学術院情報理工学科		第 8 章
	(早稲田大学大学院　理工学研究科博士課程修了，工学博士)		
篠崎　隆宏	東京工業大学工学院情報通信系情報通信コース		第 9 章
	(東京工業大学大学院情報理工学研究科博士後期課程修了，博士（学術）)		
清水　徹	KDDI 株式会社		第 2，3，5 章
	(京都大学大学院情報学研究科博士後期課程修了，博士（情報学）)		
竹澤　寿幸	広島市立大学大学院情報科学研究科知能工学専攻		第 8 章
	(早稲田大学大学院理工学研究科博士後期課程修了，工学博士)		
武田　一哉	名古屋大学未来社会創造機構／情報学研究科		第 2，3，5 章
	(名古屋大学大学院工学研究科博士（前期）課程修了，博士（工学）)		
峯松　信明	東京大学大学院工学系研究科電気系工学専攻		第 2，3，5 章
	(東京大学大学院工学系研究科博士課程修了，博士（工学）)		
三村　正人	京都大学大学院情報学研究科知能情報学専攻		第 4 章
	(京都大学大学院工学研究科修士課程修了，工学修士)		
山本　幹雄	筑波大学大学院システム情報工学研究科コンピュータサイエンス専攻		第 8 章
	(豊橋技術科学大学大学院修士課程修了，博士（工学）)		
李　晃伸	名古屋工業大学大学院工学研究科情報工学専攻		付録 B
	(京都大学大学院情報学研究科博士後期課程修了，博士（情報学）)		

（執筆者は五十音順）　　　＊上段は現所属，（　）内は最終学歴を表す．

本書の第 1 版は，鹿野清宏先生の総括で，宇津呂武仁先生らも執筆されました．

目　　次

第1章　音声認識の概要

1.1　音声認識システムの現状 …………………………………… 1
　　1. 利用話者　　*1*
　　2. 語彙サイズ　　*2*
　　3. 発声スタイル　　*2*
　　4. 使用環境　　*2*

1.2　音声認識のアプリケーション ………………………………… 3
　　1. テキスト入力（ディクテーション）　　*3*
　　2. 音声によるコマンド入力（カーナビ・ゲーム機など）　　*4*
　　3. 音声による情報アクセス（電話応答装置・携帯端末）　　*4*
　　4. 音声による会話（人間型ロボット・エージェント）　　*5*
　　5. 音声の書起し（会議録・講演録・字幕付与）　　*5*
　　6. 音声の検索・マイニング　　*6*
　　7. 音声翻訳　　*6*
　　8. 語学学習支援　　*6*

1.3　音声認識の原理とシステムの構成 ……………………… 7
1.4　音声認識のための学習データ …………………………… 9
　　演習問題 ………………………………………………………… 10

第2章　音声特徴量の抽出

2.1　音声の生成 …………………………………………………… 11
　　1. 音声の生成機構と音素　　*11*
　　2. 音声生成の信号モデル　　*13*

2.2　音声信号のスペクトル分析 ………………………………… 14
　　1. 音声信号の短時間フーリエ分析　　*14*
　　2. 音声の線形予測分析　　*16*

　　　　3. 音声信号のケプストラム分析　*20*
　　　　4. LPCケプストラム係数　*22*
　2.3　音声特徴抽出の実際 ·· 23
　　　　1. MFCCパラメータ　*23*
　　　　2. PLPパラメータ　*24*
　　　　3. 動的な特徴　*24*
　　　　4. ケプストラム係数の正規化　*25*
　　　　5. 声道長正規化（VTLN）　*27*
　　　　6. 音声認識手法と音響特徴量　*28*
　演習問題 ··· 28

第3章　HMMによる音響モデル

　3.1　隠れマルコフモデル（HMM） ································· 31
　　　　1. HMMの基本構成　*31*
　　　　2. HMMからの信号出力確率の計算　*34*
　　　　3. 最尤パス上の確率計算　*37*
　3.2　HMMの学習 ·· 38
　　　　1. 分布パラメータの最尤推定　*38*
　　　　2. HMMの学習（状態系列が与えられた場合）　*41*
　　　　3. HMMの学習（Baum-Welchのアルゴリズム）　*43*
　　　　4. 複数の学習データによるHMMの学習　*46*
　　　　5. 連結学習　*47*
　3.3　混合正規分布による生成モデル（GMM-HMM） ······· 47
　　　　1. 多次元正規分布　*47*
　　　　2. 対角共分散行列　*48*
　　　　3. 混合正規分布　*48*
　3.4　音素文脈依存モデル ·· 49
　　　　1. 音素文脈の考慮　*49*
　　　　2. 状態の共有　*51*
　　　　3. 分布の共有　*53*
　3.5　GMM-HMMの適応 ··· 54
　　　　1. MAP適応　*54*
　　　　2. MLLR適応　*55*

　　　　3. 話者適応学習　　*55*

　3.6　GMM–HMM の識別学習 ················· 56
　　　　1. MCE 学習　　*56*
　　　　2. MMI 学習　　*56*
　　　　3. MBR および MPE 学習　　*57*

　演習問題 ·· 58

第4章　ディープニューラルネットワーク(DNN)によるモデル

　4.1　DNN–HMM の基本構成 ················· 59
　4.2　DNN–HMM の学習法 ··················· 63
　　　　1. バックプロパゲーション学習　　*63*
　　　　2. RBM による事前学習　　*65*
　　　　3. 正則化と Dropout 法　　*66*
　　　　4. 系列識別学習　　*67*
　4.3　DNN の適応 ···························· 67
　4.4　ほかのニューラルネットワーク ··········· 68
　　　　1. コンボリューショナルニューラルネットワーク
　　　　　（CNN）　　*68*
　　　　2. リカレントニューラルネットワーク（RNN）　　*71*
　　　　3. LSTM　　*71*
　4.5　DAE を用いた雑音・残響抑圧 ············ 73
　演習問題 ·· 75

第5章　単語音声認識と記述文法に基づく音声認識

　5.1　音素 HMM を用いた単語認識 ············· 77
　　　　1. 単語単位のモデルを用いた単語音声認識　　*77*
　　　　2. 音素モデルの連結による単語モデルの構成　　*78*
　5.2　記述文法に基づく連続音声認識 ··········· 80
　　　　1. 文法の機能　　*80*
　　　　2. 単語のネットワークによる文法の表現　　*81*
　　　　3. 単語ネットワークと HMM ネットワーク　　*83*
　　　　4. 経路の探索に基づく連続音声認識　　*84*
　演習問題 ·· 85

第6章 統計的言語モデル

- 6.1 N グラムによる生成モデル……………………………… 87
- 6.2 N グラムの確率の算出………………………………… 88
  - 1. バックオフ平滑化　*89*
  - 2. 線形補間　*92*
  - 3. 最大エントロピー法　*94*
- 6.3 語彙とカットオフ…………………………………… 95
- 6.4 N グラムモデルの発展……………………………… 97
  - 1. クラス N グラムモデル　*97*
  - 2. N グラムモデルの混合　*98*
- 6.5 言語モデルの評価…………………………………… 98
  - 1. 単語パープレキシティ　*99*
  - 2. 補正パープレキシティ　*99*
- 6.6 ニューラルネットワークによる言語モデル………… 101
- 6.7 言語モデルの作成…………………………………… 102
  - 1. 構築手順　*102*
  - 2. 言語モデル学習用材料　*103*
  - 3. テキストの整形　*103*
  - 4. 不要部分の削除　*103*
  - 5. 文への分割　*106*
  - 6. 形態素解析　*106*
  - 7. 形態素解析の後処理　*108*
  - 8. 出現頻度の計量　*111*
  - 9. 認識用辞書の構築　*112*
- 演習問題…………………………………………………… 112

第7章 大語彙連続音声認識アルゴリズム

- 7.1 問題とアプローチ…………………………………… 115
- 7.2 探索アルゴリズム…………………………………… 116
  - 1. パス（入力走査回数）　*117*
  - 2. 同期（入力走査単位）　*118*
  - 3. 仮説展開順序　*118*

            4. 枝刈りの基準　*119*
            5. 単語履歴の管理（仮説のマージ）　*119*
    7.3　各モデルの実装と適用 …………………………………… 121
            1. 単語辞書の木構造化　*121*
            2. 言語モデル確率の分解　*123*
            3. 単語間の音素環境依存性の扱い　*124*
            4. 言語モデル確率の重み　*124*
            5. 単語挿入ペナルティ　*125*
    7.4　マルチパス探索 ………………………………………… 125
            1. 音響モデル　*125*
            2. 言語モデル　*126*
            3. 中間表現（インターフェース）　*126*
    7.5　重み付き有限状態トランスデューサ（WFST）…… 129
            1. WFST の基本操作　*129*
            2. WFST による音声認識　*131*
    演習問題 ……………………………………………………… 132

第8章　音声コーパス

    8.1　音声/言語コーパスとは ………………………………… 133
    8.2　音声/言語コーパスの構成 ……………………………… 134
            1. 音声コーパス　*134*
            2. テキストコーパスと辞書　*136*
    8.3　音声コーパスの現状 …………………………………… 137
            1. 米国の現状　*137*
            2. 日本の現状　*138*
            3. 関連組織　*139*
    8.4　日本の代表的な音声コーパス ………………………… 140
            1. 新聞記事読上げ音声データベース（JNAS）　*140*
            2.『日本語話し言葉コーパス』（CSJ）　*141*
            3. IPSJ SIG-SLP 雑音下音声認識評価環境（CENSREC）　*143*
    演習問題 ……………………………………………………… 144

第9章 音声認識システムの実現例

9.1 Julius ディクテーションキット ……………………… 145
1. GMM-HMM 音響モデル　*146*
2. DNN-HMM 音響モデル　*146*
3. 言語モデル・発音辞書　*147*
4. ベンチマーク結果　*147*

9.2 Kaldi CSJ レシピ ……………………………………… 148
1. 使用したデータ　*148*
2. 学習方法の概要　*148*
3. ベンチマーク結果　*150*
4. 入手・追試方法　*150*

9.3 国会審議の音声認識システム ……………………… 152
1. 音響モデル　*152*
2. 言語モデル・発音辞書　*152*
3. ベンチマーク結果　*153*

付録A　CMU-Cambridge 統計的言語モデルツールキット

A.1 ファイル形式 ………………………………………… 156
A.2 言語モデルの作成と評価 …………………………… 157
1. 言語モデルの作成　*157*
2. 言語モデルの評価　*160*
3. その他のコマンド　*162*

付録B　大語彙連続音声認識エンジン Julius

B.1 外部仕様 ……………………………………………… 164
1. 入出力　*164*
2. 音響モデル（HTK フォーマット）　*166*
3. 単語辞書（HTK フォーマット）　*167*
4. 言語モデル（ARPA 標準フォーマットあるいは
　オートマン文法）　*167*

B.2 内部仕様（アルゴリズム） ………………………… 168
1. 第1パスの処理　*169*

2. 単語トレリスインデックス　*169*
3. ビーム幅付き最良優先探索　*170*
4. N ベスト探索　*170*
5. 音響モデルの確率計算の高速化　*170*
- B.3 **動作環境** …………………………………………… 171
- B.4 **動作設定と起動** ……………………………………… 171
1. Jconf 設定ファイル　*171*
2. プログラムの実行　*172*
3. バイナリファイル　*174*
4. 探索パラメータの設定　*174*
- B.5 **応用例** ………………………………………………… 176
1. adlntool を用いたネットワーク音声認識　*176*
2. モジュールモードによる通信　*177*
3. セグメンテーション　*177*

演習問題略解 ……………………………………………………… 179
参考文献 …………………………………………………………… 183
索　　引 …………………………………………………………… 193

第1章

音声認識の概要

　本書で扱う音声認識は，入力音声から言語情報を抽出し，文字列（日本語の場合はかな漢字列）に変換する処理である．ただし，言語を指定しても，どのような音声に対しても高い精度でこれを実現するのは容易でなく，入力の条件やアプリケーションによってシステムが構成されている．本章では，音声認識システムの現状とアプリケーションを紹介したうえで，基本的原理とシステム構成法について概観する．

1.1 音声認識システムの現状

　まず，音声認識システムを技術的仕様から分類・概観する．

1. 利用話者

現在は不特定話者システムが主流

　以前は，認識性能を確保するために話者を特定したシステムも設計・構築されていた．携帯電話やパソコンでは確かに話者を特定することができるが，ユーザに音声を事前登録してもらうことは（認証目的でもない限り）現実的でない．大規模な人数のデータベースを構築することで，かなり安定した不特定話者の音声パターンの統計モデル（＝音響モデル）を構築できるようになった．この場合でも，利用話者が特定されているのであれば，その話者に適応したほ

うがよいが，システムの利用中に自然に適応していく方式（＝教師なし適応）が望ましい．

大語彙でも音声認識は可能

2. 語彙サイズ

以前の音声認識システムでは語彙サイズが性能の重要な要因であったが，現在は数万以上の語彙でもそれほど問題にならない．ただし，アプリケーションに則して語彙を構成することが必要不可欠である．例えば，地名や商品名などの固有名詞も十分にカバーする必要がある．それでも，数十単語の認識タスクが，数万単語のタスクに比べて容易なのはいうまでもない．また語彙だけでなく，単語の連鎖をモデル化（＝言語モデル）するので，想定される発話文のデータを大規模に必要とする．

連続音声は問題なく認識できるが，話し言葉は困難

3. 発声スタイル

特定のコマンドや地名・人名などのように，単語を単独で発話するような仕様も考えられるが，単語の系列を続けて発話する連続音声を扱うことはそれほど問題ではない．それよりも，機械を意識して丁寧・明瞭に発声するか，人間どうしの自然な話し言葉であるかが重要である．多くの音声認識システムは，アプリケーション上で前者を想定していることが多い．人間どうしの話し言葉については，講演や議会のように公共の場で話す状況についてはかなりできるようになっているが，日常会話のように発話のバリエーションが大きいものは依然困難である．

接話マイクが前提で騒音への対応は限定的

4. 使用環境

多くの音声認識システムは接話マイク（口元からマイクまで数十cm以内）での入力，すなわちSN比が十分に高いことを前提としている．カーナビのように音環境がかなり限定できる場合は別として，一般的な騒音環境への対応は依然課題となっている．家電機器やロボットのように，遠隔で発話されることを想定する場合は，雑音だけでなく残響も問題になる．これも音環境が既知であれば対応が可能であるが，未知の環境への頑健性は大きな課題である．さらにマイクを意識しないと発声スタイルの自由度が高まる傾向にある．

また実環境においては，音声認識の前処理となる発話区間検出が困難になる．そのため多くのシステムでは，ユーザが発声する前にボタンを押したり，システムが発声できるタイミングの合図を出したり，最初にマジックワードを用いるなどのインタフェースを採用している．

1.2 音声認識のアプリケーション

次に，音声認識の主なアプリケーションについて述べる．また，代表的なアプリケーションについて，使用環境・語彙サイズ・発話スタイルの観点からプロットしたものを図 1.1 に示す．

実環境では小語彙のアプリケーションが多く，携帯端末では大語彙で話し言葉調の文に対応していることがわかる．ただし，当初携帯端末で実現されたアプリケーションも自動車内や家庭内などの実環境に展開している．以下に，代表的なものを分類し，各々について説明する．

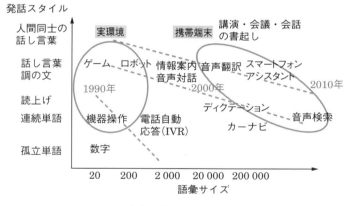

図 1.1　音声認識のアプリケーション

1. テキスト入力（ディクテーション）

音声タイプ・音声入力ワープロは，音声認識の長年の目標の一つであった．パソコンのディクテーションソフトとして 1990 年代に商品化され，現在では多くの情報端末で利用可能であるが，実際に

はあまり利用されていない．大半の世代がキーボード入力に習熟し，音声入力の方がかえって疲れる，周囲に迷惑をかける，内容をきかれたくない，といった理由からであろう．携帯端末で簡単なメッセージを作成するなどの用途はあるが，音声のテキスト化という点では後述の書起しのほうが主なニーズになると考えられる．

2. 音声によるコマンド入力（カーナビ・ゲーム機など）

キーボードなどの入力装置が使えないハンズフリーの状況で，カーナビやゲーム機・家電機器を操作するのに音声は適している．ただし，未知の騒音・残響下で頑健に動作させることは容易でない．これらの機器では，計算資源・メモリが限られるので，十分な性能が得られないことが多かった．ただし，これらの機器もネットワークに接続されるようになって，携帯端末と同様にクラウドサーバ型の音声認識が導入されつつある．これにより，単なるコマンド入力ではなく，後述の情報アクセスに展開されつつある．例えば，カーナビで近隣の情報案内を行うとか，家電機器で操作方法の説明を行うなどが考えられる．

3. 音声による情報アクセス（電話応答装置・携帯端末）[1]

電話や携帯端末で情報アクセスや予約などを行う際に，手順や選択肢が複雑だと，音声入力のほうが便利である．米国では，2000年頃から多くのコールセンターで音声認識を用いた電話音声自動応答（IVR）システムが導入されている．ただし，日本ではそれほど普及していない．これは，丁重なサービスに対する要求が高い反面，単純なことは早くから携帯電話のネットサービスで提供されていたためと考えられる．

しかしながら，スマートフォンの登場・普及により状況が一変した．パソコンと同様の複雑なことができるにも関わらず，キーボードがない状況（音声入力のニーズ）が現れたのである．シーズ面からも，クラウドサーバ型の音声認識により性能が格段に改善した．その典型的なアプリは，音声検索（＝音声による情報検索）とSiriや「しゃべってコンシェル」などのアシスタントソフトである．音声検索は，超大語彙にもかかわらず，効率よくWebや地図の検索

が行えるので，特に携帯端末で重宝する．アシスタントソフトは，携帯端末の操作（コマンド入力）と情報アクセスを組み合わせたアプリで，情報アクセスについては音声検索のように検索結果の候補を表示するのではなく，天気や乗換案内などの情報をより直接的に応答するようになっている．また，Amazon Echo のように，家庭内の実環境で動作するようなものも出現している．

4. 音声による会話（人間型ロボット・エージェント）

人間型ロボットや仮想エージェントの研究開発が進んでおり，音声による会話の機能も求められている．ただし現状（2016年現在）では，挨拶程度のきわめて単純な会話しか実現されていない．自由な話し言葉や実環境への対応が技術的に困難なためである．また，利用者として子供やお年寄りが想定されていることも技術的に困難な要因になっている．人間型ロボットの場合，ロボット自体が動き，非定常な雑音源となるため，ロボットに搭載したマイクで音声認識を行うのは非常に困難である．ただし現実には，利用者がロボットやエージェントとの会話に実質的に多くを求めているわけではないので，いわゆる"ゆるキャラ"に則した能力でよいとも考えられる．このように，音声認識だけでなく，音声合成を含めてキャラクタを設計することが重要である．

5. 音声の書起し（会議録・講演録・字幕付与）[2]

音声をテキスト化するという点では，ディクテーションと同じであるが，ユーザが機械に向かって話す設定ではなく，会議や講演などの人間どうしの自然な音声コミュニケーションを対象とする場合はるかに困難になる．音声認識システムに向かって話す場合，必然的に発話が丁寧・明瞭になるうえに，認識がうまくいかないとすぐにフィードバックされる．これに対して，会議や講演などでは考えながら発話がされるため，区切りが明確でなく，個々の発声も明瞭とは限らない．したがって，このような話し言葉に特化したモデル化が必要になる．現状ではニュース番組や議会・学会講演などの公の場で話される音声（＝パブリックスピーキング）に関して，個別のモデル化を行うことで実用的なレベルに達しつつある．例えば，

テレビ番組への字幕付与や議会の会議録作成において音声認識システムが実用化されている．

6. 音声の検索・マイニング

音声を人間が読む形式でテキスト化しなくても，長時間・大規模の音声データを音声認識することにより，検索やマイニングが可能になる場合がある．例えば，裁判所では，公判を録音・録画しているが，検索を容易にするために音声認識を導入している．またコールセンターでも，顧客とオペレータの会話を収録しているが，音声認識により，どのようなトラブルが増えているか，適切な対応がされているかなどのマイニング・分析を行うことができる．また，米国で大規模に行われた電話会話音声認識の研究プロジェクトは公安目的が想定されている．これらに限らず，音声コンテンツを検索するために音声認識は有用と考えられる．

7. 音声翻訳[3]

音声翻訳は，音声認識を行った結果に対して機械翻訳を適用するものであるが，いくつかのアプリケーションが考えられる．最も典型的なのは，外国語話者とのコミュニケーションの際に支援を行う場合で，双方向・リアルタイムなシステムが要求される．例えば，日英音声翻訳では，日本語と英語の音声認識がリアルタイムで動作する必要がある．ドメインを限定しないものから，旅行や医療などドメインを絞ったものがある．単方向でリアルタイムな音声翻訳として，講演やテレビ番組の同時通訳がある．音声認識としては，本節5項の音声の書起し（会議録・講演録・字幕付与）に該当する．また，単方向でオフラインの音声翻訳として，外国語の音声アーカイブの検索がある．これは，本節6項の音声の検索・マイニングに該当する．

8. 語学学習支援[4]

外国語（特に日本人が英語）の発音や会話スキルを習得する動機と手間が大きいため，それを支援するシステムのニーズは大きい．これには，与えられた単語や文章の発音をチェックするものと，

ショッピングなどの特定の場面での会話を模擬するものがある．日本人が誤りやすいパターンをモデル化することで，より的確な誤り検出とフィードバックを行うことができる．ただし，十分な精度を得るには，非母語話者である日本人が発声する音声のモデルを構築する必要がある．また，対象（小児・大学生・社会人など）や目的（試験・旅行・ビジネスなど）に応じた適切なコンテンツの作成や指導を行うためには，語学教室・教師との連携が必要である．

1.3 音声認識の原理とシステムの構成

音声認識は，音声 $\boldsymbol{O}$ が与えられたときにその単語列 W を同定する問題である．これは，以下の式のように，$p(W|\boldsymbol{O})$ をベイズ則で書き換えて得られる二つの項の積が最大となる W を同定する問題として定式化される．

$$\arg\max p(W|\boldsymbol{O}) = \arg\max p(W)p(\boldsymbol{O}|W) \qquad (1.1)$$

一般的に，単語は音素などのサブワード単位 S でモデル化され，単語と音素の関係は辞書で決定的に与えられる（$p(S|W) = \{1, 0\}$）ので，右辺の中身は以下のようになる．

$$p(W)p(\boldsymbol{O}|W) = \sum_S p(W)p(S|W)p(\boldsymbol{O}|S)$$
$$\approx \max p(W)p(\boldsymbol{O}|S) \qquad (1.2)$$

ここで音素列 S は，単語辞書で規定されているものに限定され，単語辞書に含まれない単語は認識の対象とならないことに留意する．上記の定式化は，単語列 W の言葉が音声という雑音のある通信路を伝わってきたのを情報理論に基づいて復号するモデルである．$p(W)$ は（その言語あるいは状況において）単語列 W が生成される先験的な確率であり，$p(\boldsymbol{O}|W)$（あるいは $p(\boldsymbol{O}|S)$）は単語列 W（音素列 S）から音声（音響特徴量）$\boldsymbol{O}$ が生成される確率である．

これは，音声認識が二つの確率モデルを推定する問題に分割され，各々が生成モデル*として定式化できることを意味する．具体的に，$p(W)$ を計算するモデルは言語モデルと呼ばれ，時系列（left-to-right）に探索するという制約・相性から単語 N グラムモデルが主に採用されてきた．これは，テキストデータを収集して単

*観測データが生成される確率をモデル化するもの．データのラベルを推定する識別モデルと対比．

*学習データに対する尤度を最大化するようにモデルのパラメータを推定する枠組み.

GMM：Gaussian Mixture Model

HMM：Hidden Markov Model

RNN：Recurrent Neural Network

DNN：Deep Neural Network

語連鎖（二つ組・三つ組）の出現頻度を計数すれば最尤推定＊できる．一方，$p(\boldsymbol{O}|S)$を計算するモデルは音響モデルと呼ばれ，音素の状態ごとに音声の音響特徴量の分布を GMM でモデル化する HMM が採用され，EM アルゴリズムによる最尤推定がベースラインの手法となった．ただし近年，双方ともにニューラルネットワークを用いたモデル（RNN および DNN-HMM）が導入されている．

以上の原理に基づく音声認識システムの構成を図 1.2 に示す．入力音声に対してまず，信号処理が行われ，音響特徴量 $\boldsymbol{O}$ が抽出される．音響モデルはパターン認識手法に基づいて $\boldsymbol{O}$ に対する尤度 $p(\boldsymbol{O}|S)$ を計算するモデルである．ここで S を構成する単位は，音素などのサブワードであるため音素モデルとも呼ばれるが，実際には音素の前後文脈を考慮したトライフォンなどの単位が用いられる．例えば，[a-k+i]は前に母音 a，後に母音 i がある子音 k である．単語辞書は，語彙とその発音の関係，すなわち $p(S|W)$ を規定する．言語モデルは，先験的な単語の尤度 $p(W)$ を計算するモデルである．音声認識エンジンは音響モデル・単語辞書・言語モデルを組み合わせて，式 (1.2) に沿って，最尤の仮説を探索するものである．

本書では，以降これらの各モジュールについて，各章で詳細に解説を行う．

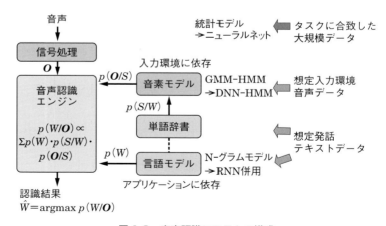

図 1.2 音声認識システムの構成

1.4 音声認識のための学習データ

図 1.2 に示した音声認識システムの枠組みは 1990 年頃に確立され，以降四半世紀以上にわたって，世界中（あらゆる言語）において普遍的に用いられてきた．しかしながら，（言語を特定しても）あらゆる用途に用いることができる普遍的・万能な音声認識システムが存在するわけではない．図 1.2 に記しているように，音響モデルは，音声認識システムが使われるアプリケーションの入力環境，具体的には音響条件・話者層・発話スタイルに合致するように，データを収集して学習する必要がある．言語モデルと単語辞書は，アプリケーションのタスクドメインに合致するように，想定発話のデータを収集して学習する必要がある．

すなわち，音声認識の原理や音声認識エンジンは普遍的でも，万能な音声認識システムが世の中に存在するわけでない．アプリケーションごとに合致したモデルを構築する必要があり，このモデルの善し悪しが認識性能を左右する．モデルのよしあしは，最先端かつ標準的な技術を用いたとすると，学習データベースの規模が鍵を握る．

それでは，どのくらいの学習データを用いるのであろうか．図 1.3 に，代表的な音声データベースの構築時期とデータ量（時間数）をプロットしたものを示す．時代とともに，対象が読上げ音声から話

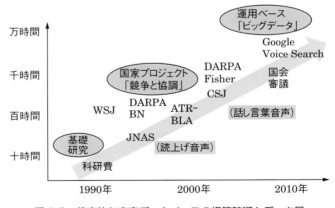

図 1.3 代表的な音声データベースの構築時期とデータ量

し言葉音声に推移し，それに伴ってデータサイズが大規模化していることがわかる．

それでは，どのようにしてこれだけ大規模なデータを集めるのであろうか．音声に限らず，文字や画像などのパターン認識の研究においては，単独の研究機関でデータベースを構築するのが困難なため，研究コミュニティで協力してデータを収集することがよく行われてきた．実際にこの「協調と競争」パラダイムは，1990年代に世界的に成功を収めた．

しかし，最近では，この「データを頑張って集める」という発想自体が限界になってきている．実際に，そうやって頑張って集められるのはせいぜい数十〜数百時間が限界である．また，被験者を集めて収集したデータが，実際のユーザが発話するものと適合するかも不明である．したがって，リアルなデータを自然に集積できる枠組みを構築することが考えられた．その最も典型的な事例は，携帯端末用のクラウドサーバ型音声認識で，音声検索などの無料のキラーアプリによって膨大なユーザ発話を集積することにより，着実な性能改善を実現できた．別の事例として，国会の会議録作成システムは，運用しながら会議音声と会議録を蓄積し，定期的にモデル更新を行っている．このような「ビッグデータパラダイム」が，音声認識の最近の成功の鍵となっている

演習問題

問1 音声認識のアプリケーションについて，本章で述べた以外のものを挙げよ．

問2 音声認識の定式化の式（1.2）において，$p(S/W)$ の確率を用いることが望ましい場合について述べよ．

問3 音声認識を式（1.1）や式（1.2）のような定式化ではなく，直接 $p(W/O)$ を推定するようなニューラルネットワークに基づいて行う方式も検討されている．このような end-to-end のモデル化の得失を述べよ．

問4 人間が行っている音声の認識過程と比較して，現在の音声認識システムで用いられていない特徴量を挙げて，その利用可能性を議論せよ．

第2章

音声特徴量の抽出

　音声には言語情報だけでなく，話者，意図，感情，背景などさまざまな情報が含まれている．本章では，音声認識に必要な言語情報（音韻情報）に対応する物理的な特徴量（音響特徴量）を音声波形から抽出する基本的な音声信号処理技術について述べる[1-4]．まず，音声の生成モデルについて述べたうえで，音韻情報を抽出するためのスペクトル分析手法を紹介する．そのうえで，音声認識に用いられる音響特徴量について説明する．

2.1　音声の生成

1. 音声の生成機構と音素

　音声信号は，人間の調音器官により生成される音響信号であり，音声の「音」としての特徴は，その生成メカニズムに基づき説明することができる．図2.1では，音声生成の基本的な構造を，「音源」により生成された音が，「調音器官」により形成される音響的なフィルタを通過することでさまざまに変化し，口または鼻から「放射」されることで説明している．音声の音源としては，**声帯の振動**（周期信号），**声道の狭めに伴う乱流**（雑音信号），声道の閉鎖と急激な開放に伴う**破裂**（インパルス信号）などがある．一方，調音器官により形成される音響的なフィルタ*の特性は，肺，声帯，顎，舌，

＊以下では調音フィルタと呼ぶことにする．

唇などのさまざまな調音器官の動きや位置により多様に変化し，その詳細をモデル化することは必ずしも容易ではない．

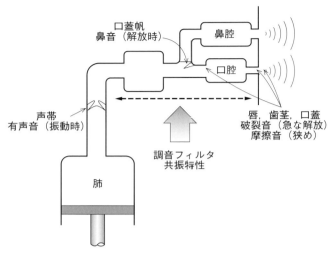

図 2.1　音声の生成モデル

表 2.1　日本語音素（子音）の分類表

調音位置		口唇		歯，歯茎		口蓋		声門
	音　源	有声	無声	有声	無声	有声	無声	無声
調音方法	摩擦音	β	ɸ	z	s	ʒ	ʃ	h
	破擦音			dz	ts	dʒ	tʃ	
	破裂音	b	p	d	t	g	k	
	半母音	w			r		j	
	鼻　音	m		n		ŋ		

一方，「言葉」，すなわち言語情報の伝達手段としての音声を考えた場合，音声は，音声言語の最小単位である**音素**に区分化することが可能*である．音素の物理的な実態は，音源の種類，調音フィルタの形状（特に調音を行う方法と調音を行う位置）により規定される．日本語の音素は「ア」「イ」「ウ」「エ」「オ」の 5 つの母音と，撥音「ン」に加え，表 2.1 に示す子音とに分類される．表 2.1 に示したように，子音の性質は，図 2.1 に示した調音器官の機能に対応

*これは，「さまざまな音声を発音記号を使って書き下すことができる」ということであって，「音声波形を音素に対応する区間に（時間的に）分割できる」ということではない．

している．

2. 音声生成の信号モデル

　前項で述べた音声信号の生成は，信号処理の観点から図2.2に示すブロック図に表すことができる．すなわち，音源に応じた3種類の入力信号を調音フィルタに入力した際の出力信号として，音声信号をモデル化できる．入力信号のインパルス系列，白色雑音，インパルスは，それぞれ声帯振動，乱流，破裂の3種類の音源に対応させることができる．

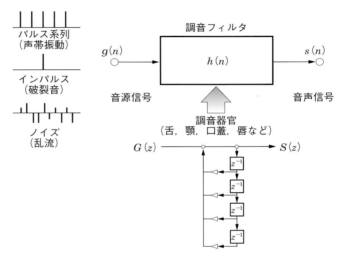

図2.2　音声生成の信号モデル

　調音フィルタは，ほとんどの場合その伝達関数が

$$H(z) = \frac{b_0}{1 - a_1 z^{-1} - a_2 z^{-2} - \cdots - a_p z^{-p}} \tag{2.1}$$

により与えられる全極型のシステムであると仮定される．これは調音フィルタの性質が共振特性のみで説明されることを意味しているが，この仮定の妥当性は（1）調音器官を単純な音響管の接続と考えれば鼻子音を除く音素には反共振が存在しないこと，（2）人間の聴覚特性がスペクトルのピークに敏感であること，などの事実から，音声認識の分野では広く妥当な仮定として受け入れられてい

る．全極形の伝達特性を持つシステムは，図 2.2 に示したとおりフィードバックループのみにより構成される．

前項で述べたとおり，音素には固有の調音方法が対応している．一方，声の高さや大きさといった音声の韻律的な性質は，主として音源の性質により規定され，音素の性質には直接影響を与えない．このことから，音声の認識を行うためには観測された音声信号から，調音フィルタの振幅伝達特性 $|H(z)|$ を抽出し，音響特徴量を求める．

2.2 音声信号のスペクトル分析

1. 音声信号の短時間フーリエ分析

音声認識のための信号分析の目的は，与えられた信号を生成した調音フィルタの性質を信号より推定することにあり，信号の周波数領域における表現がその基礎を与える．音声のスペクトル解析の手法として最も一般的に利用されている方法には，**短時間フーリエスペクトル分析**と **LPC 分析**がある．いずれの分析方法も，音声から連続する数十 ms 程度の時間長の信号区間を切り出し，切り出された信号が定常確率過程に従うと仮定して，スペクトル解析を行う．すなわち，与えられた信号 $s(n)$ に長さ N の分析窓を掛けることで以下のように信号系列 $s_W(m;l)$ を取り出す．

$$s_W(m;l) = \sum_{m=0}^{N-1} w(m) s(l+m) \quad (l = 0, T, 2T, \cdots) \quad (2.2)$$

LPC：Linear Predictive Coding

ここで，添え字 l は，信号の切出し位置に対応している．すなわち，l を一定間隔 T で増加させることで，定常とみなされる長さ N の音声信号系列 $s_W(n)(n=0,\cdots,N-1)$ が間隔 T で得られる．この処理は**フレーム化処理**と呼ばれ，N を**フレーム長**，T を**フレーム間隔***と呼ぶ．フレーム長が長いほど，高い周波数分解能でスペクトル解析を行うことが可能となるが，信号の定常性に関する仮定は成立しなくなる．一方，フレーム間隔を短くすることでスペクトルの変化に関する時間分解能を高くすることが可能であるが，必要な処理量は増加する．音声認識のためのスペクトル分析は，フレー

* T をフレームシフト，$1/T$ をフレーム周期などと呼ぶこともある．また，N はフレーム幅とも呼ばれる．

長を 20〜30 ms 程度，フレーム間隔を 10〜20 ms（あるいはフレーム長の 1/3〜1/2）程度とすることが一般的である．またフレーム化処理を行う窓関数 $w(n)$ としては，**ハミング窓**や**ハニング窓**がしばしば用いられる．

$$\text{ハミング窓}: w(n) = 0.54 - 0.46 \cos\left(\frac{2n\pi}{N-1}\right) (n=0,\cdots,N-1) \tag{2.3a}$$

$$\text{ハニング窓}: w(n) = 0.5 - 0.5 \cos\left(\frac{2n\pi}{N-1}\right) (n=0,\cdots,N-1) \tag{2.3b}$$

フレーム化処理によって得られた音声信号系列の短時間フーリエスペクトルは，離散時間フーリエ変換（DTFT）により以下で与えられる．

DTFT：Discrete Time Fourier Transform

$$S(e^{j\omega}) = \sum_{n=0}^{N-1} s_W(n) e^{-j\omega n} \tag{2.4}$$

DFT：Discrete Fourier Transform

実際の信号処理過程では，離散フーリエ変換（DFT）をその高速算法である FFT を用いて実行し，当該音声区間のスペクトル表現とすることが一般的である．すなわち

$$S'(k) = S(e^{j\frac{2\pi}{N}k}) = \sum_{n=0}^{N-1} s_W(n) e^{-j\frac{2\pi}{N}kn} \quad (k=0,\cdots,N-1) \tag{2.5}$$

なる複素系列 $S'(k)$ が音声のスペクトル表現として最も一般的に用いられる*．フーリエ変換の性質から，実数系列として与えられた $s_W(n)$ のスペクトルには対称性

*本章では，信号 s の離散フーリエ変換を $S'(k)$，z 変換を $S(z)$ と区別している．

$$\begin{aligned} \text{Re}[S'\{(-k)_{\mod N}\}] &= \text{Re}[S'(k)] \\ \text{Im}[S'\{(-k)_{\mod N}\}] &= -\text{Im}[S'(k)] \end{aligned} \tag{2.6}$$

が成り立つ．このため，保持すべきスペクトル情報は，長さ $N/2+1$ の複素数系列である．前節で述べたとおり，音声信号の音素的な特徴は主として調音フィルタの振幅伝達特性に含まれている．したがって，音声認識においては，音声信号の振幅スペクトル，あるいはその 2 乗値であるパワースペクトルが注目すべきスペクトル表現である．音声信号の離散パワースペクトル系列は，離散スペクトル系列から

第2章 音声特徴量の抽出

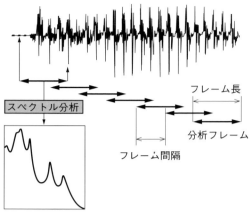

図2.3 フレーム化処理

$$|S'(k)|^2 = \text{Re}\{S'(k)\}^2 + \text{Im}\{S'(k)\}^2 \qquad (2.7)$$

*ハミング・ハニング窓掛け処理を前提としているため,フレームの長さに関する正規化を行うことは少ない.

の手順により計算される*.実際の音声をフレーム処理した後,パワースペクトル系列を計算する手順を図2.3に示す.

2. 音声の線形予測分析[5-6]

音声が式 (2.1) のような全極形の伝達関数を持つ調音フィルタの出力であることを前提として,効率的に音声信号のスペクトルの概形を求める LPC 分析(線形予測分析)が知られている.LPC 分析では全極形の伝達関数を規定するパラメータである線形予測係数 $a_i (i=1, \cdots, p)$ を決定することで,信号のスペクトルの概形を決定することができる.ここで,p は伝達関数 $H(z)$ の分母多項式の次数を表すが,LPC 分析における**分析次数**とも呼ばれる.

全極形の伝達関数を仮定することは,調音フィルタを図2.4に示すような IIR 形のネットワークで表現することと等価である.このフィルタの出力信号 $s(n)$ は,過去の p 個のサンプルに重み a_i を掛けてフィードバックした信号の和,すなわち

$$s_W(n) = \sum_{i=1}^{p} a_i s_W(n-i) + g(n) \qquad (2.8)$$

と表される.ここで,フレーム化処理によって得られた長さ N の信号

2.2 音声信号のスペクトル分析

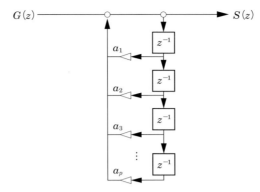

図 2.4 LPC モデル

$$s_W(n), s_W(n-1), \cdots, s_W(n-N+1)$$

が与えられたとする.このとき式 (1.8) に基づき,$s_W(n-1), \cdots, s_W(n-p)$ なる p 個のサンプルから計算された $s_W(n)$ の推定値

$$\hat{s}_w(n) = \sum_{i=1}^{p} a_i s_W(n-i) \tag{2.9}$$

と実際に観測された $s_W(n)$ との差 $\{s_W(n) - \hat{s}_W(n)\}^2$ ($n = 0, \cdots, N-1$) を誤差信号 $e(n)$ と呼ぶ*.いま,誤差信号のパワーの期待値 $D = E\left[\sum_{n=0}^{N-1} e^2(n)\right]$ を最小化する a_i は以下の手順で求めることができる.

* 誤差信号 $e(n)$ を生成モデルにおける音源信号と見たてることになる.

誤差信号が,$\alpha_0 = 1$, $\alpha_i = -a_i$ とおくことで

$$e(n) = s_W(n) - \hat{s}_W(n) = s_W(n) + \sum_{i=1}^{p} \alpha_i s_W(n-i)$$

$$= \sum_{i=0}^{p} \alpha_i s_W(n-i) \tag{2.10}$$

と計算できることから,その信号のパワーは

$$e^2(n) = \left\{\sum_{i=0}^{p} \alpha_i s_W(n-i)\right\}\left\{\sum_{i=0}^{p} \alpha_i s_W(n-i)\right\}$$

$$= \sum_{i=0}^{p} \sum_{j=0}^{p} \alpha_i \alpha_j s_W(n-i) s_W(n-j) \tag{2.11}$$

により求められ,パワーの期待値は

$$D = E\{e^2(n)\} = \sum_{i=0}^{p} \sum_{j=0}^{p} \alpha_i \alpha_j E\{s_W(n-i) s_W(n-j)\}$$

$$= \sum_{i=0}^{p} \sum_{j=0}^{p} \alpha_i \alpha_j R_{ss}(|i-j|) \tag{2.12}$$

と計算される．ただし $R_{ss}(l)$ は信号 $s_W(n)$ の**自己相関関数**を表す．いま，$k=1, \cdots, p$ に対して

$$\frac{\partial D}{\partial \alpha_k} = 2 \sum_{i=0}^{p} \alpha_i R_{ss}(|i-k|) = 0$$

とおき

$$\sum_{i=1}^{p} \alpha_i R_{ss}(|i-k|) = -R_{ss}(|-k|) \quad (k=1, \cdots, p) \tag{2.13}$$

なる p 個の方程式を連立させることで

$$\begin{bmatrix} R_{ss}(0) & R_{ss}(1) & \cdots & R_{ss}(p-1) \\ R_{ss}(1) & R_{ss}(0) & & \vdots \\ \vdots & & \ddots & R_{ss}(1) \\ R_{ss}(p-1) & \cdots & R_{ss}(1) & R_{ss}(0) \end{bmatrix} \begin{bmatrix} \alpha_1 \\ \alpha_2 \\ \vdots \\ \alpha_p \end{bmatrix} = - \begin{bmatrix} R_{ss}(1) \\ R_{ss}(2) \\ \cdots \\ R_{ss}(p) \end{bmatrix}$$

$$\tag{2.14}$$

を得る．すなわち LPC 信号処理過程では，自己相関関数を介して，信号のスペクトルが代数方程式により与えられる．式（2.14）には，Levinson–Durbin 法として知られる効率的な解法が存在する．

伝達特性は，求められたパラメータ a_i（線形予測係数）を用いて

$$|H(e^{j\omega})|^2 = \frac{1}{\left|1 - \sum_{i=1}^{p} a_i e^{-ji\omega}\right|^2} \tag{2.15}$$

と求められる[*1]．

$p=12$ として上記の処理により得られた全極形のスペクトルを図 2.5 に示す．FFT により計算した短時間フーリエスペクトルに比べ，スペクトルの形状が滑らかであることがわかる．これは，図 2.5 の調波構造[*2]が（有声音の）音源信号のスペクトルに起因しており，伝達関数には含まれていないからである．一般に，式（2.1）は $0 \leq \omega \leq \pi$ に $p/2$ 個のピークをもつ．したがって，分析次数 p は分析対象の音声のサンプリング周波数を考慮し，その帯域に含まれるフォルマント（共振周波数）の数から決定することが合理的である．

*1 一般的には，信号の強度を説明する σ^2 を式（2.15）の分子とする．

*2 周期信号は正弦波の重ね合わせで構成されるため，基本周波数の整数倍にエネルギーが集中するような周期的なスペクトル構造，すなわち調波構造をもつ．

2.2 音声信号のスペクトル分析

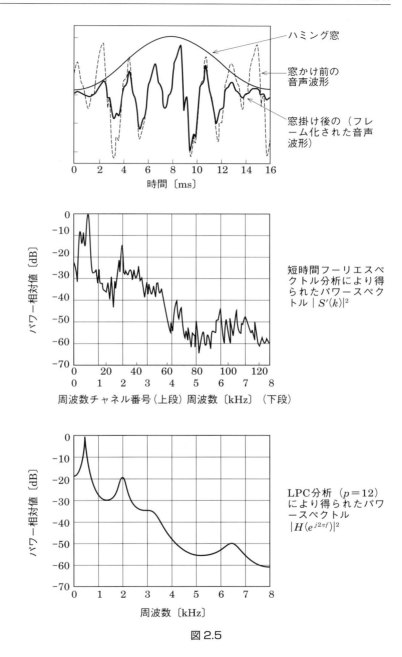

図 2.5

3. 音声信号のケプストラム分析[7]

音声のパワースペクトラムは、声帯の振動や摩擦による乱流などの音源信号に調音フィルタの伝達特性が畳み込まれたものであり、音素の音響的な特徴は、調音フィルタの振幅伝達特性によって、主として担われている。このため、音声信号から音素の特徴を抽出するためには、観測された音声のパワースペクトルから、音源信号のスペクトルと調音フィルタのスペクトルを分離し、調音フィルタの特性にのみ関連する情報を抽出すればよい。しかし音声信号から調音フィルタを分離する問題は、出力信号 $y(n) = x(n) * h(n)$ から、入力信号 $x(n)$ とシステムの伝達特性 $h(n)$ を分離する問題であり、一意に解くことはできない。

ケプストラム分析[*]は、調音フィルタの振幅伝達特性と音源信号のパワースペクトルを比較すると、前者が後者に比べて（周波数に対して）滑らかに変化する関数であることを利用して、両者を分離する信号処理である。音声信号のケプストラム分析は、以下の手順により実現される。

[*] ケプストラム (Cepstrum) とは、スペクトラム (Spectrum) の Spec を Ceps と逆から綴ることで作られた造語である。

いま、音源信号のスペクトラムを $G(e^{jw})$、調音フィルタの伝達特性を $H(e^{jw})$ と表す。音源信号に調音フィルタが畳み込まれて生成された音声信号のスペクトル $S(e^{jw})$ は二つのスペクトルの積 $G(e^{jw}) \cdot H(e^{jw})$ で与えられる。ここで、振幅スペクトルのみに着目すれば

$$|S(e^{jw})| = |G(e^{jw})| \cdot |H(e^{jw})| \tag{2.16}$$
$$\log|S(e^{jw})| = \log|G(e^{jw})| + \log|H(e^{jw})| \tag{2.17}$$

であり、両辺の対数を取ることで音声信号の対数振幅スペクトルが、調音フィルタの対数振幅応答と音源信号の対数振幅スペクトルの和として得られることがわかる。ここで、音源信号の一例として声帯振動の模擬信号であるインパルス列を、調音フィルタとして9次の全極スペクトルを用い、それぞれの対数振幅スペクトルを図2.6に示す。

図2.6から、音源信号のスペクトルが微細な構造をもっているのに比べて、調音フィルタの特性は滑らかな形状をしていることがわかる。周波数を時間に見立て、二つのスペクトルを時間信号に置き換えて考えれば、音源信号は調音フィルタに比べ高い「周波数」

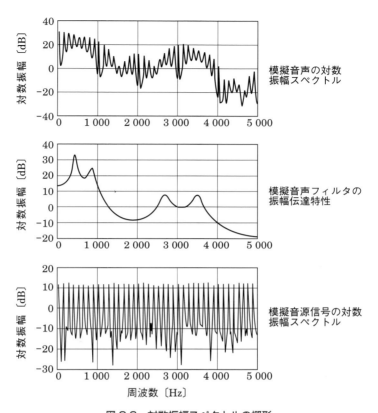

図 2.6 対数振幅スペクトルの概形

に，そのエネルギーが集中していることに相当する．このことから，式（2.17）をフーリエ変換（実際には逆フーリエ変換）することで，再度周波数分析を行った場合，調音フィルタの対数振幅スペクトルの逆フーリエ変換は低い周波数帯域^{*}に，音源信号の対数振幅スペクトルの逆フーリエ変換は高い周波数帯域に，それぞれエネルギーが集中する．対数振幅スペクトルの逆フーリエ変換は，**ケプストラム係数**と呼ばれ，ケプストラム係数の低次項には，調音フィルタの性質が，高次項には音源の性質が反映される．このため，ケプストラム係数列を低次で打ち切ることで，調音フィルタの対数振幅スペクトルに対応するケプストラム係数を抽出できる．

*実際にはスペクトルを時間に見立てて逆フーリエ変換を行うため，その次元は時間に対応し，ケフレンシー（quefrency）と呼ばれる．

逆フーリエ変換を次式の離散フーリエ変換で計算する場合，$S'(k)$ の対称性から，得られるケプストラム係数は実数系列となる*.

* 通常は，コサイン変換により計算される．

$$c(n) = \frac{1}{N}\sum_{k=0}^{N-1} \log|S'(k)|e^{j\frac{2\pi k}{N}n} \tag{2.18}$$

4. LPC ケプストラム係数

1.2 節 2 項で述べた LPC 分析は，調音フィルタの伝達特性を，p 次の分母多項式

$$A(z) = 1 - a_1 z^{-1} - \cdots - a_p z^{-p} \tag{2.19}$$

を持つ全極形の関数としてあらかじめモデル化を行ったうえで，観測信号に最も一致するモデルパラメータ $a_i (i=1, \cdots, p)$ を推定する方法であった．すなわち調音フィルタを直接推定する方法であり，LPC 分析により得られたスペクトルは音素の特徴を直接捉えているものと考えられる．したがって，LPC スペクトルに対するケプストラム分析は，音源成分と調音フィルタ成分との分離という観点からは，冗長な処理とも考えられる．しかし，パターン間の照合という観点からは基底ベクトルの直交化が有効である場合が多いため，LPC スペクトルをケプストラム分析することで得られる LPC ケプストラム係数が音声の特徴ベクトルとして用いられることが多い．

LPC ケプストラム係数は，ケプストラムの定義に従って LPC によるスペクトル包絡を逆 FFT することで求められるが，LPC 係数系列から以下の漸化式により求めることもできる．

$$c(0) = \ln \sigma^2$$

$$c(n) = \begin{cases} a_n + \sum_{k=1}^{n-1}\left(\dfrac{k}{n}\right)c(k)a_{n-k} & (1 \leq n \leq p) \\ \sum_{k=1}^{n-1}\left(\dfrac{k}{n}\right)c(k)a_{n-k} & (n > p) \end{cases} \tag{2.20}$$

ただし，σ^2 は分析対象の信号のパワーを表す．

2.3 音声特徴抽出の実際

1. MFCC パラメータ[8]

ケプストラムパラメータには多様な計算方法がある．本節では，最も一般的な音声特徴量である MFCC の計算手順について述べる．その概要を図 2.7 に示す．MFCC の計算では，スペクトル分析は図 2.8 に示すように周波数軸上に L 個の三角窓を配置し，**フィルタバンク**[*1]**分析**により行う[*2]．すなわち，窓の幅に対応する周波数帯域の信号のパワーを，単一スペクトルチャネルの振幅スペクトル $|S'(k)|$ の重みづけ和で求める．

MFCC：
Mel-Frequency
Cepstrum
Coefficient

*1 周波数軸上に配置された複数のフィルタ群の出力に基づき行うスペクトル分析は，フィルタバンク分析と呼ばれる．

*2 L 番目のチャネル上限スペクトルチャネルをサンプリング周波数の 1/2 に対応させるのが普通である．

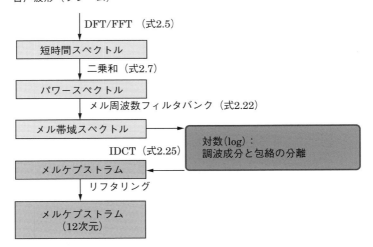

図 2.7 MFCC の計算手順

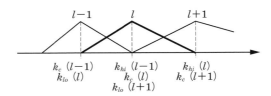

図 2.8 MFCC 分析用のフィルタバンク

$$m(l) = \sum_{k=lo}^{hi} W(k;l)|S'(k)| \quad (l=1,\cdots,L) \tag{2.21}$$

$$W(k;l) = \begin{cases} \dfrac{k-k_{lo}(l)}{k_c(l)-k_{lo}(l)} & \{k_{lo}(l) \leq k \leq k_c(l)\} \\ \dfrac{k_{hi}(l)-k}{k_{hi}(l)-k_c(l)} & \{k_c(l) \leq k \leq k_{hi}(l)\} \end{cases} \tag{2.22}$$

ただし，$k_{lo}(l)$, $k_c(l)$, $k_{hi}(l)$ は，それぞれ l 番目のフィルタの下限，中心，上限のスペクトルチャネル番号であり，隣り合うフィルタ間で

$$k_c(l) = k_{hi}(l-1) = k_{lo}(l+1)$$

なる関係がある．さらに，$k_c(l)$ は，メル周波数*軸上で等間隔に配置される．メル周波数は

$$Mel(f) = 2\,595\log_{10}\left(1+\dfrac{f}{700}\right) \tag{2.23}$$

*メル周波数は音の高低に対する人間の感覚尺度であり，その値は実際の周波数の対数に大略対応する．

により計算される．ただし f の単位は〔Hz〕にとる．

最終的に，フィルタバンク分析により得られた L 個の帯域におけるパワーを離散コサイン変換することで，MFCC が求められる．

$$c_{\mathrm{mfcc}}(i) = \sqrt{\dfrac{2}{N}} \sum_{l=1}^{L} \log m(l) \cos\left\{\left(l-\dfrac{1}{2}\right)\dfrac{i\pi}{L}\right\} \tag{2.24}$$

PLP：Perceptual Linear Predictive

2. PLP パラメータ[9)]

PLP 分析の概要を図 2.9 に示す．MFCC との違いは，聴覚特性を考慮して周波数スペクトルを補正していることと，LPC 分析に基づいてケプストラム係数を計算していることである．

3. 動的な特徴[10)]

フレーム分析により得られるスペクトル特徴は，数十 ms 程度の音声区間を，定常とみなしたうえで得られる静的な特徴である．しかし，音素の音響的な特徴は，周辺の音素に影響を受けて変化する（いわゆる調音結合）ことが知られており，特に音素から音素への渡りの部分では，スペクトル特徴が時間とともに連続的に変化する．また，/r/，/w/，/y/ といった半母音は，スペクトルの動きそのものに，音素の音響的な特徴が表現されている．これらのことか

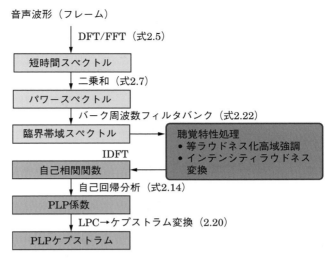

図 2.9 PLP の計算手順

ら，フレーム分析により得られた静的な特徴に加え，時間とともに変化する動的な特徴を特徴量に加えて音声認識を行うことで，認識の精度が大きく向上することが知られている．

最も広く用いられている動的特徴は，ケプストラム係数の時間軸に沿った変化の回帰係数を下式に基づきフレームごとに求める，デルタケプストラム係数である．ここで，K は回帰係数を計算する範囲であり，前後各 2 フレーム分程度とすることが一般的である．

$$\Delta c(n;l) = \frac{\sum_{k=-K}^{K} kc(n;l+k)}{\sum_{k=-K}^{K} k^2} \tag{2.25}$$

*ここでは，音声が生成されてからディジタル信号として認識システムに取り込まれるまでの音響伝達特性を考えている．
ケプストラム平均除去：
Cepstrum Mean Subtraction

4. ケプストラム係数の正規化[11]

マイクロフォンの特性に代表される音響系*が音声認識に与える影響を軽減するために，入力音声の音響特性を正規化する処理が有効である．最も広く用いられている方法に **CMS（ケプストラム平均除去）処理** がある．これは，(1) 音響系の特性は定常であること，(2) 音声信号のケプストラム係数を比較的長時間に渡って平均する

と一定の値に近づくこと，の2つを仮定したうえで定常的な特性をケプストラム係数上において除算で正規化する．

いま，音響系の特性 $T(e^{jw})$ が音声に畳み込まれているとき，分析対象の音声の対数振幅スペクトルは

$$\log|S(e^{j\omega})| = \log|G(e^{jw})| + \log|H(e^{j\omega})| + \log|T(e^{j\omega})| \tag{2.26}$$

と表される．ただし，$G(e^{jw})$ は音源信号のスペクトルを，$H(e^{jw})$ は調音フィルタの伝達特性をそれぞれ表す．ここで，高次成分を打ち切ったケプストラム係数系列からは，音源成分が除去されていると考えると，ケプストラム系列のフーリエ変換は

$$F[c(\tau;n)] = \log|H(e^{j\omega};n)| + \log|T(e^{j\omega})| \tag{2.27}$$

と表すことができる（$F[\cdot]$ でフーリエ変換を表す）．添え字 n でフレームの番号を表すが，音響系の特性はフレーム番号には依存せずに一定である．打ち切りケプストラム係数の時間平均のフーリエ変換は

$$F\left[\frac{1}{N}\sum_{n=1}^{N}c(\tau;n)\right] = \frac{1}{N}\sum_{n=1}^{N}\log|H(e^{j\omega};n)| + \log|T(e^{j\omega})| \tag{2.28}$$

である．したがって，平均値が除去された打ち切りケプストラム係数は

$$F\left[c(\tau;n) - \frac{1}{N}\sum_{n=1}^{N}c(\tau;n)\right]$$

$$= \log|H(e^{j\omega};n)| + \log|T(e^{j\omega})|$$

$$- \left\{\frac{1}{N}\sum_{n=1}^{N}\log|H(e^{j\omega};n)| + \log|T(e^{j\omega})|\right\}$$

$$= \log|H(e^{j\omega};n)| - \frac{1}{N}\sum_{n=1}^{N}\log|H(e^{j\omega};n)|$$

$$= \log|H(e^{j\omega};n)| - \overline{\log|H(e^{j\omega};n)|} \tag{2.29}$$

より，定常な音響系などの特性に対応する成分 $T(e^{jw})$ が除去された特徴量としての性質を持っている．したがって，認識システムの学習時と認識時において，音声の対数スペクトルの時間平均

*一文（4〜5秒以上）程度の発声であれば，発声内容に依存せずCMSを行うことにより性能が改善される場合が多い．

$\overline{\log|H(e^{j\omega})|}$ が等しいと見なせるときには*，CMS 処理を行うことで環境の変化に頑健な動作が期待される．

ケプストラムの平均だけでなく，分散も用いて正規化することも効果があるが，特にオンラインの音声認識の場合は，分散の推定が安定して行えないという問題がある．

声道長正規化：
Vocal Tract Length Normalization

5. 声道長正規化（VTLN）[12)]

周波数スペクトルのパターンは個人性の影響を受けるが，その最も大きな要因の一つは声道長であるといわれる．そこで，声道長に応じて周波数スペクトルの軸を伸縮することで正規化することが考えられる．その様子を図 2.10 に示す．一般に男声は伸ばし（$\alpha>1$），女声は縮める（$\alpha<1$）傾向にある．ただし，実際に入力音声から声道長を推定するのは困難であるので，伸縮係数 α をいろいろ試して音響モデルの尤度が最大になるものを選択する方法が一般的である．多数の音響モデル尤度計算を避けるために，入力音声の一部のみを使用したり，簡便なモデル（モノフォンや GMM など）が用いられる．

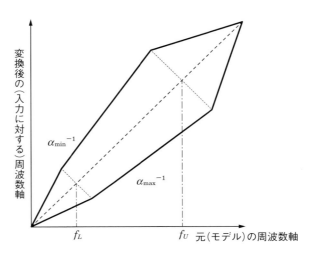

図 2.10　VTLN における周波数ワーピング

6. 音声認識手法と音響特徴量

以上，さまざまな音響特徴抽出の方法について述べてきたが，どの音響特徴量を用いるかは音響モデルの手法とも密接な関係がある．GMM-HMM を用いる場合は，あまり大きな次元のベクトルを扱うのが困難で，次元間の相関も少ない方が望ましいので，ケプストラム係数およびパワーとその一次・二次の回帰係数を用いるのが一般的であった．

これに対して，ニューラルネットワークを用いる場合にはそのような制約はなく，むしろ特徴抽出自体をニューラルネットワークの学習に委ねた方がよいと考えられるので，できるだけ"生"の情報が望ましいとされる．具体的には，ケプストラムよりもフィルタバンク出力（分解能も高くする）のほうがよいとされ，しかも前後のフレーム（回帰係数を求めるよりも長くする）を結合し，さらに各々の一次・二次回帰係数も加える．結果として，千次元以上のベクトルとなる．

ただし，ニューラルネットワークの学習において入力ベクトルの値域が揃っていることが望ましいので，入力全体に対して，平均 0，分散 1 になるように正規化を行うのが一般的である．

演習問題

問 1 図 2.5 に見られるように音声のスペクトルは高域ほどそのエネルギーが弱い（これは，有声音の音源の大域的なスペクトルが 6 dB/Oct 程度の，音声の口腔からの放射のインピーダンスが-12 dB/Oct 程度の傾斜をもつことで説明される）．そこでスペクトル分析を行う前に，高域強調処理を行うことが一般的である．通常高域強調は $H(z)=1-az^{-1}$ なる 1 次差分フィルタを用いて行われる．10 kHz でサンプリングされた音声信号に対して，直流分と 5 kHz の成分との比が

$$20\log_{10}\left(\frac{|H(e^{j2\pi \times \frac{5k}{10k}})|}{|H(e^{j2\pi \times 0})|}\right)=32 \text{ [dB]}$$

となるように a を定めよ．また，サンプリング周波数が 16 kHz の場合，この a を用いると 5 kHz でのゲインは何 dB となるか計

算せよ．

問 2 音声が $2p$ 次の全極形のモデルで表現されるということは，調音フィルタの物理的な形状が，p 個の音響管の接続であることに対応している．右図に示す，二つの音響管の接続の共振周波数を計算せよ．ただし，音速を 340 m/s とする．

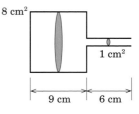

問 3 二つのケプストラム係数ベクトル $C^{(1)}(k)$, $C^{(2)}(k)$ の間のユークリッド距離 $D_C = \sum_{n=0}^{\infty}(C^{(1)}(n)-C^{(2)}(n))^2$ はケプストラム距離と呼ばれる．ケプストラム距離を用いて $\int_{-\pi}^{\pi}\left(\log\left|\frac{S^{(1)}(e^{jw})}{S^{(2)}(e^{jw})}\right|\right)^2 dw$ を示せ．

(ヒント：$\log|S(e^{jw})| = \sum_{n=-\infty}^{\infty} C(n)e^{jwn}$ である)

第3章

HMMによる音響モデル

　本章と次章では，音響特徴量から音素に変換するパターン認識のモデルについて述べる．音声は，本来特徴量の時系列として扱われるべきものであるが，その長さは一定ではなく伸縮も一様でないので，確率的に時系列を生成する隠れマルコフモデル（HMM）が一般に用いられる[1-4]．まず，HMMの基本構成について述べたうえで，学習アルゴリズムを定式化する．そのうえで，混合正規分布（GMM）により各状態の音響特徴量の分布をモデル化する方法，および音素文脈依存モデルの構成法を述べる．さらに，GMM-HMMの適応や識別学習についても概観する．

3.1　隠れマルコフモデル（HMM）

1. HMMの基本構成

HMM：Hidden Markov Model（隠れマルコフモデル）

　HMMは時系列信号の確率モデルであり，複数の定常信号源の間を遷移することで，非定常な時系列信号をモデル化する．このHMMをフレームごとの音響特徴量の系列に適用する．ここでは，HMMを構成する基本要素を考えるため，図3.1に示すような操作を例に考える．すなわち，二つの箱に赤球，白球が異なる割合で入っている（箱Aには赤7白3，箱Bには赤2白8）．いまサイコロを振って，{⊡⊡⊡}の目が出た場合にはAの箱から，{⊡⊡}

が出た場合にはBの箱から球を一つ取り出し，球の色を記録した後取り出した箱に戻すことを，サイコロで {⚅} の目が出るまで繰り返す操作を考える．

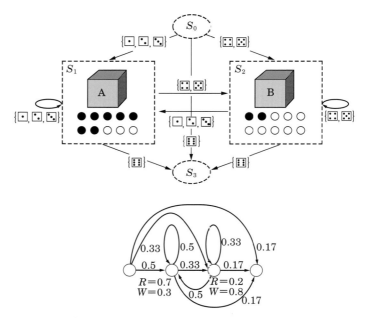

図 3.1　定常過程の切替えによる確率信号の生成と対応する HMM

この操作には

- S_0：操作が開始されていない状態
- S_1：箱 A から球を取り出す状態
- S_2：箱 B から球を取り出す状態
- S_3：操作が終了している状態

の4種類の状態が存在する．状態 S_1 では，赤球が取り出される確率が 0.7，白球が取り出される確率が 0.3 であることは常に一定，すなわち定常である．同様に，状態 S_2 においては，それぞれ 0.2，0.8 の確率で，赤球と白球が取り出される．このように信号の生成に対して定常と見なされる状態を，HMM の「状態」と呼ぶ．また，状態ごとに定められた信号が出力される確率は，「**出力確率**」と呼ばれ

3.1 隠れマルコフモデル (HMM)

$$P(R|S_1) = 0.7, P(W|S_1) = 0.3,$$
$$P(R|S_2) = 0.2, P(W|S_2) = 0.8$$

と書ける（状態 S_0 と状態 S_3 では，球は取り出されない）．ただし，R, W でそれぞれ赤球，白球が取り出される事象を表す．

一方，状態間の遷移はサイコロの目により決定される確率事象であり，状態 S_1 から S_2 への遷移を $P(S_1 S_2)$ のように表記すると，例に与えられた操作の場合 4 行 4 列の行列として

$$P(S_i S_j) = \begin{bmatrix} P(S_0 S_0) & \cdots & P(S_3 S_0) \\ \vdots & \ddots & \vdots \\ P(S_0 S_3) & \cdots & P(S_3 S_3) \end{bmatrix} = \begin{bmatrix} 0 & 0.5 & 0.33 & 0.17 \\ 0 & 0.5 & 0.33 & 0.17 \\ 0 & 0.5 & 0.33 & 0.17 \\ 0 & 0 & 0 & 0 \end{bmatrix} \tag{3.1}$$

と表現できる．このように状態間の遷移に関する確率は「**遷移確率**」と呼ばれる．

このような一連の操作によって取り出される球の系列を考えると，任意の赤白の並びが生成され得ることがわかる．また，同一の球の並びが複数の異なる状態遷移から得られることもわかる．このことは，信号（赤白の球の順列）を観測しただけでは，状態遷移の系列を決定できない，すなわち，状態遷移が観測からは隠されていることを意味している*．一方，状態間の遷移確率の偏りから，状態 S_1 と状態 S_2 では，状態 S_1 に停留する確率の方がより大きいこと，そのため取り出した球の数を考えると，白球よりも赤球の方がより多い傾向にあることなど，出力される赤白の並びの統計的な性質は，状態，状態ごとの出力確率，状態間の遷移確率に応じて決定される．まとめると，HMM の構成要素は以下のとおりである．

*ただし後述するとおり，与えられた信号を最も高い確率で生成する状態系列を定めることは可能である．

(a) 状態集合：$\sum = \{S_i | 0 \leq i \leq M\}$

ただし，S_0 を初期状態，S_M を終了状態とする．すなわち，信号の出力を開始する前の状態を S_0 に，信号の出力を終了した後の状態を S_M にそれぞれ対応させる（すなわち，S_0, S_M では信号は出力しない）．

(b) 状態遷移確率：$A = \{a_{ij} = P(S_i S_j) | 0 \leq i, j \leq M\}$

状態間の遷移のしやすさを規定する．

(c) 出力確率：$B = \{b_i(o) | 0 < i < M\}$

状態 S_i において，信号 o を出力する確率．信号が有限個の確率事象の生起である場合には，確率値

$$b_i(o) = P(o|S_i) \quad \text{ただし} \sum_n P(o|S_i) = 1$$

として定義される．一方，観測信号がケプストラムベクトルのような（連続的な）確率変数の系列である場合には，確率密度関数

$$b_i(o) = f_o(o; \Theta(S_i)) \quad \text{ただし}, \int f_o(o; \Theta(S_i)) do = 1 \quad (3.2)$$

を用いて尤度として定義されることが一般的である*．$\Theta(S_i)$ は状態 S_i に対応する分布のパラメータである．

出力信号系列と状態系列は，HMM の構成要素ではないが，HMM の定式化に必須の要素であるため，ここで説明を加えておく．

(d) 出力信号系列：$o(n)(n = 1, \cdots, N)$

上の例では取り出された球の色の系列に対応する．通常の音声認識では LPC ケプストラムや MFCC といった，特徴ベクトルの系列が出力信号に対応する．ベクトル量子化の出力のような，有限の確率事象を出力信号とする場合もある．

(e) 状態系列：$s(n)(n = 0, \cdots, N+1)$

時刻 n における状態の系列．ただし，$s(0) = S_0$（初期状態），$s(N+1) = S_M$（終了状態）とする．HMM の性質から，出力信号が観測されてもその信号を生成した状態遷移の系列を定めることはできない．しかし，信号の生成の背後には常に状態の遷移が確率事象として隠されており，信号を出力する確率の計算や，HMM の学習においては，この系列を考慮することが必要になる．

*密度関数 $f_o(o; \Theta)$ の値は，場合によって 1 を超えることには注意が必要である．このことは，音響確率と言語確率の統合やパラメータの推定時に問題となることがある．

2. HMM からの信号出力確率の計算

本節では，信号系列 $\boldsymbol{O} = o(1), \cdots, o(N)$ が観測されたとき，この系列が与えられた HMM Λ から出力される確率 $P(\boldsymbol{O}|\Lambda)$ を計算することを考える．この準備として，$(N+2) \times (M+1)$ の格子点上に定義される状態停留確率

$$\alpha(n, m) = P(s(n) = S_m | \boldsymbol{O}) \quad (3.3)$$

を導入する．状態停留確率は信号系列 $\boldsymbol{O}$ が与えられたとき，時刻

n において状態 S_m に停留している（すなわち，$s(n) = S_m$）確率であり，格子点 (n, m) ごとに与えられる．また状態系列 $\bm{S} = s(0)$, $\cdots, s(N+1)$ は，$(0, 0)$ から $(N+1, M)$ まで格子点上をたどる一つの経路となる（図 3.2）．

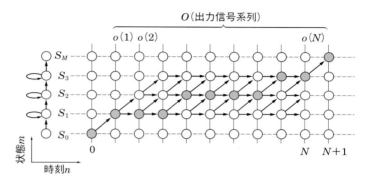

図 3.2 状態系列と出力信号

HMM の性質から，観測された信号系列 $\bm{O}$ を出力することができる状態の系列は複数存在するが，ある状態遷移系列 $\bm{S}$ に沿って $\bm{O}$ が出力される確率 $P(\bm{O}, \bm{S}|\Lambda)$ は

$$P(\bm{O}, \bm{S}|\Lambda) = P(\bm{O}|\bm{S}, \Lambda) P(\bm{S}|\Lambda)$$
$$= \left\{ \prod_{n=1}^{N} b_{s(n)}(o(n)) \right\} \cdot \left\{ a_{0s(1)} a_{s(N)M} \prod_{n=1}^{N-1} a_{s(n)s(n+1)} \right\}$$
$$= a_{0s(1)} \left\{ \prod_{n=1}^{N-1} b_{s(n)}(o(n)) a_{s(n)s(n+1)} \right\} b_{s(N)}(o(N)) a_{s(N)M}$$
(3.4)

と計算される．一方，異なる状態の系列同士は排反であるため

$$P(\bm{O}|\Lambda) = \sum_{S} P(\bm{O}, \bm{S}|\Lambda)$$
$$= \sum_{S} \left[a_{0s(1)} \left\{ \prod_{n=1}^{N-1} b_{s(n)}(o(n)) a_{s(n)s(n+1)} \right\} b_{s(N)}(o(N)) a_{s(N)M} \right]$$
(3.5)

により，与えられた HMM から観測信号が出力される確率が計算

される．すなわち，信号が出力される確率をすべての状態系列に渡って加えることで，観測信号が出力される確率が求められる．

図3.3の例では，長さ3の信号系列 $\{a, b, b\}$ が，4状態の HMM から出力される．この場合，長さ3の信号を出力する状態系列は2種類 ($S_0S_1S_1S_2S_3, S_0S_1S_2S_2S_3$) あり，各々の系列をたどって信号系列 $\{a, b, b\}$ が出力される確率は

$$S_0 \xrightarrow{1.0} S_1 \xrightarrow{0.7 \times 0.6} S_1 \xrightarrow{0.3 \times 0.4} S_2 \xrightarrow{0.4 \times 0.8} S_3$$
$$S_0 \xrightarrow{1.0} S_1 \xrightarrow{0.7 \times 0.4} S_1 \xrightarrow{0.4 \times 0.2} S_2 \xrightarrow{0.4 \times 0.8} S_3$$

の和として

$$1.0 \times 0.7 \times 0.6 \times 0.3 \times 0.4 \times 0.4 \times 0.8$$
$$+ 1.0 \times 0.7 \times 0.4 \times 0.4 \times 0.2 \times 0.4 \times 0.8$$
$$= 0.02396$$

により与えられる．

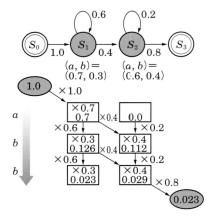

図 3.3　HMM の確率計算方法

この確率計算は，以下に示すアルゴリズムにより漸化的に行うことができる*．

*このアルゴリズムを「前向きアルゴリズム」と呼び，状態停留確率を前向き確率と呼ぶ．

(a) 初期化：$\alpha(0, 0) = 1.0$
$$\alpha(n, i) = 0.0 \quad (1 \leq i \leq M, 1 \leq n \leq N)$$

(b) 初期遷移：$\alpha(1, i) = a_{0i}, \; i = 1, \cdots, M-1$

(c) 漸化式計算：$n = 2, \cdots, N$ について

$$\alpha(n,i) = \sum_{m=1}^{M-1} \alpha(n-1,m) \cdot a_{mi} b_m(o(n-1))$$

(d) 最終遷移：$P(\boldsymbol{O}|\Lambda) = \sum_{m=1}^{M-1} \alpha(N,m) a_{mM} b_m(o(N))$

▌3. 最尤パス上の確率計算

前項では，すべての可能な状態系列を介した出力確率の総和として，観測信号の出力確率が与えられることを示した．本項では，与えられた信号系列を最も高い確率で生成する状態遷移系列を求める問題を考える．この問題の解は直接的には

$$\hat{s} = \arg\max_{s} \left[a_{0s(1)} \left\{ \prod_{n=1}^{N-1} b_{s(n)}(o(n)) a_{s(n)s(n+1)} \right\} b_{s(N)}(o(N)) a_{s(N)M} \right]$$

(3.6)

によって与えられるが，前節同様，以下のように漸化的に求めることができる．ここではあらたに，時刻 n で状態 i に至る状態系列（格子点上の経路）の中で最も高い確率を与える状態系列について，遷移元の状態を記憶するための**バックポインタ** $B(n,i)$ を導入する．

(a) 初期化：$\alpha(0,0) = 1.0$

(b) 初期遷移：$1 \leq i \leq M-1$ について
$B(1,i) = 0$
$\alpha(1,i) = a_{0i}$

(c) 漸化式計算：$n = 2, \cdots, N$ について
$\alpha(n,i) = \max_{m}\{\alpha(n-1,m) \cdot a_{mi} b_m(o(n-1))\}$
$B(n,i) = \arg\max_{m}\{\alpha(n-1,m) \cdot a_{mi} b_m(o(n-1))\}$

(d) 最終遷移
$B(N+1,M) = \arg\max_{m}\{\alpha(N,m) \cdot a_{mM} b_m(o(N))\}$
$\max_{S}\{P(\boldsymbol{O},\boldsymbol{S}|\Lambda)\} = \alpha(N, B(N+1,M)) \cdot$
$\qquad\qquad a_{B(N+1,M)M} b_{B(N+1,M)}(o(N))$

また，バックポインタをたどることで，最大の確率をあたえる状態系列 $\boldsymbol{S}_{ML} = s_{ML}(1), \cdots, s_{ML}(N)$ は以下により求められる．

$s_{ML}(N) = B(N+1,M)$
$s_{ML}(n-1) = B(n, s_{ML}(n))\ (n = N, \cdots, 2)$

ここで，求められた系列 S_{ML} はビタビ系列と呼ばれ，最大確率を
与える状態系列に沿って確率を求める上述のアルゴリズムは**ビタビ
アルゴリズム**と呼ばれる（図 3.4）.

ビタビ：Viterbi

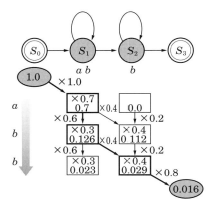

図 3.4　最尤経路に沿った確率計算（ビタビアルゴリズム）

3.2　HMMの学習

1．分布パラメータの最尤推定

　HMM を学習するためには，HMM を構成する要素のうち状態遷
移確率 A，出力確率 B の二つを，与えられた学習データをもとに
定める必要がある．学習規範として最も基本的なものは，最尤基
準*である．HMM の学習における問題点は，学習用に与えられた
出力信号系列が，どのような状態系列をたどって出力されたものか
が，観測できないことにある．そのため，与えられた出力信号系列
の下で状態遷移の期待値を求め，この期待値に基づいて最尤パラ
メータの推定を行う，**EM アルゴリズム**が用いられる．以下本項で
は，HMM の学習アルゴリズムについて述べる準備として，最尤パ
ラメータ推定について概説する．

＊最尤基準で推定
された統計量は，
一定の条件の下で
最良漸近正規推定
量であり，不偏
性，一致性などが
満たされる．

EM：Expectation
Maximization

　(a) 離散分布の場合

　確率事象 $\{X_i | i = 1, \cdots, M\}$ に対して与えられる M 個の数値
$$p_i = P(X_i) \quad (1 \leq i \leq M)$$

が離散確率の確率パラメータである．すなわち，$\Theta = \{p_i | 1 \leq i \leq M\}$．ただし

$$\sum_{i=1}^{M} p_i = 1 \tag{3.7}$$

が成立する．

いま，学習データとして与えられたデータ系列 $\boldsymbol{O} = o(1), \cdots, o(N)$ において事象 X_i が生起した回数を n_i とすると，最尤パラメータ p_i^{ML} は以下に示す方法により求められる．すなわち

$$P(\boldsymbol{O}|\Theta) = \prod_{i=1}^{M} (p_i)^{n_i} \tag{3.8}$$

の対数確率の最大化を $\sum_{i=1}^{M} p_i = 1$ なる条件の下で解くために，未定乗数 λ を用いて，目的関数 L を以下に設定する．

$$L = \ln P(\boldsymbol{O}|\Theta) + \lambda \left(1 - \sum_{i=1}^{M} p_i\right) = \sum_{i=1}^{M} n_i \ln p_i + \lambda \left(1 - \sum_{i=1}^{M} p_i\right) \tag{3.9}$$

L を最大化する Θ は，$\sum_{i=1}^{M} p_i = 1$ と

$$\frac{\partial L}{\partial p_k} = \frac{n_k}{p_k} - \lambda = 0 \quad (1 \leq k \leq M) \tag{3.10}$$

を連立させて解くことで

$$\lambda = \sum_{i=1}^{M} n_i = N, \; p_i^{ML} = \frac{n_i}{N} \tag{3.11}$$

が得られる．

この例では，出力信号系列 $\boldsymbol{O}$ が一意に与えられており，その下で最尤のパラメータを求めた．一方，複数の系列 $\boldsymbol{O}_k (1 \leq k \leq K)$ が確率的に与えられており，その観測確率が $p(\boldsymbol{O}_k)$ で与えられる場合には，事象 X_i が生起する回数 n_i は，期待値

$$\sum_{k=1}^{K} p(\boldsymbol{O}_k) n_i^{(k)} \tag{3.12}$$

に対応づけられる．ただし，$n_i^{(k)}$ は，k 番目の系列において事象 X_i が生起する回数である．このとき，最尤パラメータ Θ は

$$p_i^{ML} = \frac{\sum_{k=1}^{K} p(\boldsymbol{O}_k) n_i^{(k)}}{\sum_{i=1}^{M} \sum_{k=1}^{K} p(\boldsymbol{O}_k) n_i^{(k)}} \tag{3.13}$$

より求めることができる．

(b) 正規分布に従う確率変数の場合

確率変数が正規分布に従う場合，確率密度関数はパラメータ $\Theta = \{\mu, \sigma^2\}$ を用いて

$$f_x(o) = \frac{1}{\sqrt{2\pi\sigma^2}} \exp\left\{-\frac{(o-\mu)^2}{2\sigma^2}\right\} \tag{3.14}$$

と与えられる．いま信号 $\boldsymbol{O} = o(1), \cdots, o(N)$ が与えられたときの同時確率の対数値は

$$\begin{aligned} L &= \ln\left\{\prod_{i=1}^{N} f_x(o(i))\right\} \\ &= -\frac{1}{2}\sum_{i=1}^{N}\left[\ln(2\pi) + \ln(\xi) + \frac{(o(i)-\mu)^2}{\xi}\right] \end{aligned} \tag{3.15}$$

と与えられる（ただし，$\sigma^2 = \xi$ とした）．したがって

$$\frac{\partial L}{\partial \mu} = 0, \quad \frac{\partial L}{\partial \xi} = 0 \tag{3.16}$$

とおくことで，平均値に関しては

$$\sum_{i=1}^{N}(o(i) - \mu^{ML}) = 0$$

$$\mu^{ML} = \frac{1}{N}\sum_{i=1}^{N} o(i) \tag{3.17}$$

分散に関しては

$$-\frac{1}{2}\sum_{i=1}^{N}\left[\frac{1}{\xi^{ML}}\left(1 - \frac{(o(i)-\mu)^2}{\xi^{ML}}\right)\right] = 0$$

$$\begin{aligned} \xi^{ML} = (\sigma^{ML})^2 &= \frac{1}{N}\sum_{i=1}^{N}(o(i) - \mu^{ML})^2 \\ &= \frac{1}{N}\sum_{i=1}^{N} o^2(i) - \left(\frac{1}{N}\sum_{i=1}^{N} o(i)\right)^2 \end{aligned} \tag{3.18}$$

を得る．

▌2. HMMの学習（状態系列が与えられた場合）

HMMのパラメータ A, B は状態遷移，および状態に対して定められるパラメータである．したがって，出力信号と状態遷移系列が組みで与えられた場合には，最尤パラメータの推定は以下の手順により容易に行える．

(a) 状態遷移確率

状態遷移と，出力信号との関係は以下のように与えられる．

$$S_0 \xrightarrow{\phi} s(1) \xrightarrow{o(1)} s(2), \cdots, \xrightarrow{o(N)} S_M$$

したがって，遷移確率は，ある状態 S_i に着目した場合，その状態から遷移が起こった回数の比を遷移先ごとに計算した

$$a_{ij}^{ML} = \frac{F(S_i S_j)}{\sum_{m=0}^{M} F(S_i S_m)} \tag{3.19}$$

が，与えられた状態系列を尤も高い尤度で生起させるパラメータである（ただし，$F(S_i S_j)$ で，与えられた状態系列において状態 S_i から状態 S_j への遷移が起こった回数を表す）．

なお，与えられる状態系列が唯一のものでなくても，前項と同様の考え方で，状態遷移確率を最尤推定することができる．いま K 種類の状態系列

$$\boldsymbol{S}_k = s^{(k)}(1),\ s^{(k)}(2), \cdots, s^{(k)}(N) \quad (1 \leq k \leq K)$$

が存在し，それぞれをたどる確率が，それぞれ $P(\boldsymbol{S}_k)$（ただし，$\sum_{k=1}^{K} P(\boldsymbol{S}_k) = 1$）で与えられるとする*．

* それぞれの系列が出現する確率の和を1と想定していることに注意が必要である．この条件は後述するEMアルゴリズムでは，直接は満たされない．

$$S_0 \xrightarrow{\phi} s^{(1)}(1) \xrightarrow{o(1)} s^{(1)}(2), \cdots, \xrightarrow{o(N)} S_M : P(S_1)$$
$$\vdots$$
$$S_0 \xrightarrow{\phi} s^{(k)}(1) \xrightarrow{o(1)} s^{(k)}(2), \cdots, \xrightarrow{o(N)} S_M : P(S_k)$$
$$\vdots$$
$$S_0 \xrightarrow{\phi} s^{(k)}(1) \xrightarrow{o(1)} s^{(k)}(2), \cdots, \xrightarrow{o(N)} S_M : P(S_K)$$

このとき，状態遷移の回数の数え上げは，状態遷移回数の期待値計算

$$\sum_{k=1}^{K} P(\boldsymbol{S}_k) F(S_i S_j | \boldsymbol{S}_k) \tag{3.20}$$

で置き換えることができる(ただし,$F(S_i S_j | \boldsymbol{S}_k)$は,状態系列$S_k$において,状態$S_i$から状態$S_j$への遷移が起こった回数を表す).したがって,$K$個の状態系列が確率つきで与えられた場合の状態遷移確率の推定値は

$$a_{ij}{}^{ML} = \frac{\sum_{k=1}^{K} P(\boldsymbol{S}_k) F(S_i S_j | \boldsymbol{S}_k)}{\sum_{m=0}^{M} \sum_{k=1}^{K} P(\boldsymbol{S}_k) F(S_i S_m | \boldsymbol{S}_k)} \tag{3.21}$$

と計算される.

(b) 出力確率

状態系列が与えられている場合,出力確率も容易に推定できる.すなわち,状態S_iから出力された信号を集めて得られる集合$\{o(n)|s(n)=i\}$を$\boldsymbol{O}$と見立てて,2.2節1項で述べた方法により最尤パラメータΘ^{ML}を計算すればよい.複数の状態系列が確率つきで与えられているときの出力確率も,状態遷移確率同様に,期待値操作を行うことで,求めることができる.

具体的には,状態系列$\boldsymbol{S}_k$において,状態S_iから出力された信号を集めて得られる集合$\{o(n)|s^{(k)}(n)=i\}$に対して,状態系列$\boldsymbol{S}_k$の出現確率$P(\boldsymbol{S}_k)$を乗じることで期待値を計算し,得られた期待値に対して同様の操作を行えばよい.正規分布の平均と分散に関しては以下で与えられる.ただし,状態系列$\boldsymbol{S}_k$において,状態S_iから出力された信号の集合を,$\{o_i^{(k)}(j)|j=1,\cdots,N_i^{(k)}\}$とする.

$$\mu_i = \sum_{k=1}^{K} \left\{ P(\boldsymbol{S}_k) \frac{1}{N_i^{(k)}} \sum_{j=1}^{N_i^{(k)}} o_i^{(k)}(j) \right\}$$

$$\sigma_i^2 = \sum_{k=1}^{K} P(\boldsymbol{S}_k) \frac{1}{N_i^{(k)}} \sum_{j=1}^{N_i^{(k)}} (o_i^{(k)}(j))^2 - \left\{ \sum_{k=1}^{K} \left\{ P(\boldsymbol{S}_k) \frac{1}{N_i^{(k)}} \sum_{j=1}^{N_i^{(k)}} o_i^{(k)}(j) \right\} \right\}^2$$

$$\tag{3.22}$$

これらを見ると,状態系列が複数考えられる(非決定の)場合でも,系列ごとの出現確率が与えられていれば,最尤推定を行うことが可能なことがわかる.

3. HMMの学習（Baum-Welchのアルゴリズム）

前節までで，パラメータの最尤推定方法，状態系列が与えられた下でのパラメータ推定の方法，が与えられた．そこで本節では，出力信号系列は与えられているが，状態系列が与えられていない場合に HMM のパラメータを推定する方法である，Baum-Welch（**バウムウェルチ**）のアルゴリズムを説明する．

2.2 節 2 項で見たように状態系列が与えられた下では，パラメータの最尤推定は容易であった．さらに，複数の状態系列が確率つきで与えられる場合でも，推定を行うことが可能なことを示した．そこで Baum-Welch のアルゴリズムでは，初期モデル（Λ）と観測された出力信号系列（O）を手がかりに，すべての状態系列（$\{S_k\}$）についてその出現確率（$P(S_k|O,\Lambda)$）を計算し，2.2 節 2 項の方法により，期待値に基づいて（初期モデルが与えられた下での）最尤パラメータを持つモデル（$\hat{\Lambda}$）の推定を行う．さらに，得られたモデルを初期モデルとして学習を繰り返すことで，より高い確率で学習データを出力しうるモデルの学習を行う．

しかし，実際にすべての状態系列に対して $P(S_k|O,\Lambda)$ を求めるためには，膨大な計算量が必要とされる．そこで，効率的に期待値を計算する**前向き・後ろ向きアルゴリズム**（FB アルゴリズム）を用いることが一般的である．FB アルゴリズムは，モデルと出力信号が与えられた下で，時刻 n において，状態 i に至る確率，$\alpha(n,i)$（前向き確率（状態停留確率））と，時刻 n に状態 j を出発して時刻 $N+1$ に状態 M（終了状態）に到達する確率 $\beta(n,j)$（後ろ向き確率）とを，あらかじめ計算しておくことで，計算量の削減を図る．

前向き確率 $\alpha(n,1)$ は，2.1 節に示したとおりに計算が可能である．一方，後ろ向き確率 $\beta(n,1)$ は以下の漸化式で与えられる．

前向き・後ろ向きアルゴリズム：forward-backward algorithm

(a) 初期化
$$\beta(N+1, M) = 1.0$$

(b) 漸化式計算
$$\beta(n,j) = \sum_{m=1}^{M} \{\beta(n+1,m) a_{jm} b_j(o(n))\} \quad (1 \leq n \leq N, 1 \leq j < M)$$

(c) 初期遷移

$$P(\boldsymbol{O}|\Lambda) = \beta(0,0) = \sum_{m=1}^{M} \{\beta(1,m)a_{0m}\}$$

図 3.5 に示すように，前向き・後ろ向き確率の関係から，両者の積を求めることで

$$\alpha(n,m)\beta(n,m) = P(\boldsymbol{O}, s(n) = m|\Lambda) \tag{3.23}$$

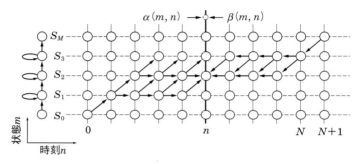

図 3.5 前向き・後ろ向き確率

すなわち，時刻 n において状態 m に停留する状態系列から信号系列 $\boldsymbol{O}$ が出力される確率が計算できる*．さらに，同時確率と条件つき確率の関係から，時刻 n において，状態 m に停留する 16 個の状態系列の出現確率が

*図 3.5 の例ではそのような系列は全部で 16 系列存在する．

$$\begin{aligned} P(s(n)=m|\boldsymbol{O},\Lambda) &= \frac{P(s(n)=m,\boldsymbol{O}|\Lambda)}{P(\boldsymbol{O}|\Lambda)} \\ &= \frac{\alpha(n,m)\beta(n,m)}{\alpha(N+1,M)} \end{aligned} \tag{3.24}$$

と計算される．本節 2 項では，状態系列 $\boldsymbol{S}$ が $P(\boldsymbol{S})$ という確率で出現するという条件の下で，パラメータの最尤推定が与えられることを示した．上式は，初期モデル Λ と観測系列 $\boldsymbol{O}$ が与えられた下で特定の状態系列が出現する確率を計算する方法を与えている．

ただし，本節 2 項での仮定とは異なり，系列の出現確率の和に関して

$$\sum_{k=1}^{K} P(\boldsymbol{S}_k) = 1$$

が成立しないことには，注意が必要である．このため，期待値の計

算の際には状態系列の出現確率の和で正規化を行う必要がある.

この状態の出現確率を元に,新たに最尤パラメータ推定を行うことで得られる新しいモデル $\hat{\Lambda}$ は,初期モデル Λ に対して常に

$$P(\boldsymbol{O}|\Lambda) \leq P(\boldsymbol{O}|\hat{\Lambda})$$

すなわち,出力信号系列をより高い確率値で出力することが証明されている.したがって,繰返し処理によってHMMの学習を行うアルゴリズムは以下にまとめられる.

(1) **前向き確率,後ろ向き確率の計算**
(2) **状態ごとの統計量の期待値を計算**

状態を通過する系列の出現確率:$\varphi(n, m) = \dfrac{\alpha(n, m)\beta(n, m)}{\alpha(N+1, M)}$

$$\cdot 1 次統計量:E\{o|\boldsymbol{O}, \Lambda\} = \frac{\sum_{n=1}^{N} \varphi(n, m) o(n)}{\sum_{n=1}^{N} \varphi(n, m)} \tag{3.25}$$

$$\cdot 2 次統計量:E\{o^2|\boldsymbol{O}, \Lambda\} = \frac{\sum_{n=1}^{N} \varphi(n, m) o^2(n)}{\sum_{n=1}^{N} \varphi(n, m)} \tag{3.26}$$

(3) **状態ごとのパラメータ更新**

状態遷移確率は

$$\hat{a}_{ml} = \frac{\sum_{n=1}^{N} \alpha(n, m) a_{ml} b_m(o(n)) \beta(n+1, l)}{\sum_{n=1}^{N} \alpha(n, m) \beta(n, m)}$$

と与えられる.また,出力確率が正規分布で与えられる場合

$$\mu_m = E\{o|\boldsymbol{O}, \Lambda\} = \frac{\sum_{n=1}^{N} \varphi(n, m) o(n)}{\sum_{n=1}^{N} \varphi(n, m)} \tag{3.27}$$

$$\sigma_m^2 = E\{o^2|\boldsymbol{O}, \Lambda\} - (E\{o|\boldsymbol{O}, \Lambda\})^2$$

$$= \frac{\sum_{n=1}^{N} \varphi(n,m) o^2(n)}{\sum_{n=1}^{N} \varphi(n,m)} - \left(\frac{\sum_{n=1}^{N} \varphi(n,m) o(n)}{\sum_{n=1}^{N} \varphi(n,m)} \right)^2 \quad (3.28)$$

とパラメータが更新される．

(4) **収束の判定***

あらかじめ定めた収束判定のしきい値εに対して

$$P(\boldsymbol{O}|\hat{\varLambda}) - P(\boldsymbol{O}|\varLambda) < \varepsilon$$

が成立すれば終了．

*あらかじめ決められた回数だけ機械的に繰返し学習を行うことも多い．

4. 複数の学習データによるHMMの学習

ここまでは，出力信号系列が一種類のみ与えられていることが前提であった．しかし，音声認識のためのHMMは，多数の学習データを用いて統計的に，パターンのバリエーションの学習を行うことを特徴としている．L個の学習サンプル$^{(l)}\boldsymbol{O} = {}^{(l)}o(1), \cdots, {}^{(l)}o(N_l)$ $(1 \leq l \leq L)$ から学習を行う場合，学習サンプルごとに複数の状態遷移系列$^{(l)}\boldsymbol{S}_k (1 \leq k \leq K_l)$ が対応し，それぞれに統計量が対応する．

したがって，学習サンプルごとに前向き確率$^{(l)}\alpha(n,m)$，後ろ向き確率$^{(l)}\beta(n,m)$と状態停留確率$^{(l)}\phi(n,m)$を求めたうえで，状態遷移確率については

$$\hat{a}_{ml} = \frac{\sum_{l=1}^{L} \left[\frac{1}{{}^{(l)}\alpha(N+1,M)} \sum_{n=1}^{Nl} {}^{(l)}\alpha(n,m) a_{ml} b_m({}^{(l)}o(n)) {}^{(l)}\beta(n,m) \right]}{\sum_{l=1}^{L} \sum_{n=1}^{Nl} {}^{(l)}\varphi(n,m)}$$

正規分布の平均値については

$$\hat{\mu}_m = \frac{\sum_{l=1}^{L} \sum_{n=1}^{Nl} {}^{(l)}\varphi(n,m) {}^{(l)}o(n)}{\sum_{l=1}^{L} \sum_{n=1}^{Nl} {}^{(l)}\varphi(n,m)} \quad (3.29)$$

$$\hat{\sigma}_m^2 = \frac{\sum_{l=1}^{L} \sum_{n=1}^{Nl} {}^{(l)}\varphi(n,m) {}^{(l)}o^2(n)}{\sum_{l=1}^{L} \sum_{n=1}^{Nl} {}^{(l)}\varphi(n,m)} - (\hat{\mu}_m)^2 \quad (3.30)$$

などにより計算される．

5. 連結学習

　学習データが，文のような形で用意され，かつ，書起しデータのみが存在し，そのため，各音声単位（単語/音節/音素）ごとに切り出すことができない場合がある*．このような場合には「連結学習」と呼ばれる方法を用いる．すなわち，各文に対する文 HMM を，音素 HMM を連結するなどして作成する．そして，各文 HMM を文音声を使って学習する．ただし，各文 HMM 間には（同一単語が存在するため），「同一種類」の状態が分布しているので，これらを「結びの関係」として捉えて学習する．すなわち，同一の音素モデルが，異なる文のさまざまな発声位置の音声を用いて学習される．

＊大規模なデータベースのほとんどがこの形態である

3.3　混合正規分布による生成モデル（GMM-HMM）

1. 多次元正規分布

　一般に音声認識に用いられるフレーム単位の音響特徴量 $\boldsymbol{o}$ は，D 次元ベクトルとして与えられ，ほとんどの音声認識では多次元正規分布を出力確率の密度関数として用いる．多次元正規分布は，平均ベクトル $\boldsymbol{\mu}$ と分散共分散行列 $\sum$ を用いて

$$f_o(\boldsymbol{o}) = \frac{1}{(2\pi)^{D/2}|\sum|^{1/2}} \exp\left\{-\frac{1}{2}(\boldsymbol{o}-\mu)'\sum{}^{-1}(\boldsymbol{o}-\mu)\right\} \tag{3.31}$$

と計算される．ただし

$$\boldsymbol{o} = \begin{bmatrix} o_1 \\ o_2 \\ \vdots \\ o_D \end{bmatrix}, \quad \boldsymbol{\mu} = \begin{bmatrix} \mu_1 \\ \mu_2 \\ \vdots \\ \mu_D \end{bmatrix}, \quad \sum = \begin{bmatrix} \sigma_{11} & \sigma_{11} & \cdots & \sigma_{D1} \\ \sigma_{12} & \sigma_{22} & & \vdots \\ \vdots & & \ddots & \vdots \\ \sigma_{1D} & \cdots & \cdots & \sigma_{DD} \end{bmatrix} \tag{3.32}$$

であり，$\bullet'$ で転置操作を表す．

　多次元正規分布のパラメータの最尤推定値は

$$\mu = E\{\boldsymbol{o}\} \tag{3.33}$$

$$\Sigma = \begin{bmatrix} E\{(o_1-\overline{o_1})(o_1-\overline{o_1})\} & E\{(o_1-\overline{o_1})(o_2-\overline{o_2})\} & \cdots & E\{(o_1-\overline{o_1})(o_D-\overline{o_D})\} \\ E\{(o_2-\overline{o_2})(o_1-\overline{o_1})\} & E\{(o_2-\overline{o_2})(o_2-\overline{o_2})\} & & \vdots \\ \vdots & & \ddots & \vdots \\ E\{(o_D-\overline{o_D})(o_1-\overline{o_1})\} & \cdots & \cdots & E\{(o_D-\overline{o_D})(o_D-\overline{o_D})\} \end{bmatrix}$$
(3.34)

により与えられる．したがって，FB アルゴリズムにおいては，1次統計量に加えて，特定状態におけるベクトル要素間の積 $o_i o_j$ の期待値を計算することで

$$\hat{\sigma}_{ml} = \frac{\sum_{n=1}^{N} \varphi(n,m) o_i(n) o_j(n)}{\sum_{n=1}^{N} \varphi(n,m)} - \left(\frac{\sum_{n=1}^{N} \varphi(n,m) o_i(n)}{\sum_{n=1}^{N} \varphi(n,m)} \right) \left(\frac{\sum_{n=1}^{N} \varphi(n,m) o_j(n)}{\sum_{r=1}^{N} \varphi(n,m)} \right)$$
(3.35)

により分散共分散行列の更新を行う．

■2. 対角共分散行列

次元間の相関を考慮しない多次元正規分布では，分散共分散行列は対角行列 $\Sigma = \mathrm{diag}\{\sigma_1^2, \sigma_2^2, \cdots, \sigma_D^2\}$ となり，密度関数は

$$f_o(\boldsymbol{o}) = \prod_{d=1}^{D} \frac{1}{\sqrt{2\pi \sigma_d^2}} \exp\left\{ -\frac{1}{2} \frac{(o_d - \mu_d)^2}{\sigma_d^2} \right\}$$
(3.36)

で与えられる．このとき音響特徴量の次元ごとに正規分布のパラメータを独立に推定することができるため，3.2 節 3 項のアルゴリズムを直接適用することが可能である．

■3. 混合正規分布*

＊通常，8～32 程度の正規分布を組み合わせて，音声特徴量の分布を表現することが多い．

正規分布は単一のピークを持つ単純な分布関数であり，複雑な分布形状を表現することはできない．そこで，複数の正規分布の重みつき和を用いて複数のピークを持つような分布を表現する混合正規分布が，通常音声認識において用いられる．混合正規分布は平均 μ 分散 σ^2 を持つ正規分布を $N(o; \mu, \sigma^2)$ とすると

$$f_o(o) = \sum_{w=1}^{W} \lambda_w N(o; \mu_w, \sigma_w^2)$$

$$\sum_{w=1}^{W} \lambda_w = 1 \tag{3.37}$$

によって表され，分布を規定するパラメータは状態ごとに定まるΘ = \{$\lambda_w, \mu_w, \sigma_w^2$\}（混合重み，平均，分散）である．混合正規分布では

$$\hat{\lambda}_{mw} = \frac{\sum_{n=1}^{N} \varphi(n,m) \dfrac{\lambda_{mw} N(o(n); \mu_{mw}, \sigma_{mw}^2)}{f_o(o(n))}}{\sum_{n=1}^{N} \varphi(n,m)} \tag{3.38}$$

$$\hat{\mu}_{mw} = \frac{\sum_{n=1}^{N} \varphi(n,m) \dfrac{\lambda_{mw} N(o(n); \mu_{mw}, \sigma_{mw}^2)}{f_o(o(n))} \cdot o(n)}{\sum_{n=1}^{N} \varphi(n,m)} \tag{3.39}$$

などにより，パラメータの推定を行うことができる．

上記の混合正規分布でHMMの各状態における音響特徴量の生起をモデル化するものをGMM-HMMと呼び，従来一般的に用いられてきた．混合正規分布では分布数をあらかじめ定める必要があるが，実際の学習の際には分布数1から徐々に増やしていくことが多い．

■3.4 音素文脈依存モデル

■1. 音素文脈の考慮[5]

音素の音響的な特徴は，周囲の音素の影響をうけて大きく変化することが知られている．図3.6は，二つの発声/aka/と/aki/のスペクトログラムを比較している．同じ/k/の音声が，後続の音素の影響を受けて変化していることがわかる．このような現象は，**調音結合**と呼ばれ，音声認識を困難にしている重要な要因の一つである*．

調音結合に対する最も直接的な対処方法は，前後の音素を考慮した**三つ組み音素（トライフォン）**を認識の処理単位として用いることである．トライフォンに対して，前後の音素を考慮しない音素モ

＊調音結合などにより音響的な性質が著しく変化した音素は，「異音」（アロフォン：allophone）と呼ばれる．

トライフォン：triphone

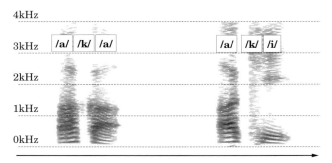

図 3.6 調音結合

> テキスト：あらゆる現実を...
> 音素系列：**arayurugeN**...
> トライフォン系列：**a+r a-r+a r-a+y a-y+u y-u+r u-r+u r-u+g**

図 3.7 トライフォン

モノフォン：
monophone

デルは，単に**音素モデル**もしくは，**モノフォン**と呼ぶ場合がある．

　トライフォンによるモデル化では，モデルの種類数は音素の 3 乗という膨大な数に上る．例えば，日本語の場合，音素の種類数が仮に 40 だとすれば，トライフォンの種類数は単純に考えると 64 000

＊実際には音節の
制約（子音は連続
しないなど）から
もっと少ない

（＝40×40×40）程度に上る＊．このような膨大な数のトライフォンすべてに対して十分な学習データを確保することは事実上不可能である．例えば，8 章に述べる JNAS 新聞記事コーパスの学習用音声約 40 000 文に出現するトライフォンの総数は（ある程度のグループ化を行った後で）5 000 程度であるが，4 年分の新聞記事から抽出した頻出 6 万単語すべてをトライフォンで構成するためには，8 000 以上のトライフォンが必要である．そこで，音響的特徴が類似したトライフォンをグループ化することによってモデルの数を削減することが広く行われている．

　グループ化法には，グループを徐々に細分化していくトップダウン方式と，類似したグループを徐々にまとめ上げていくボトムアップ方式がある．トップダウン方式では，中心音素が同じトライフォンを前後の音素による環境の違いの影響が大きい要因から徐々に分

割していく．ボトムアップ方式では，個々のトライフォンをまず学習してから，類似するトライフォンをまとめ合わせていく．トップダウン方式はボトムアップ方式に比較して，学習データに現れないトライフォンを取り扱うことができるという長所がある．すなわち，図3.8に示すような音素環境の分類規則に関する木構造が得られ，学習に出現しなかったトライフォンを含むすべてのトライフォンが，木のいずれかのノードに対応することになる．

学習データに現れないトライフォン：unseen context triphone

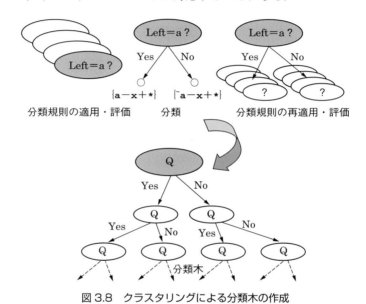

図3.8 クラスタリングによる分類木の作成

▎2．状態の共有

本項では，トライフォンをトップダウンに分類する方法を具体的に述べる．トライフォンの分類は，トライフォン全体をクラスタリングするのではなく，状態ごとに分類を行うことが普通である．これは，図3.9に示すように，異なるHMM間で状態を「共有」することで実現される．図の例では，5種類の同一中心音素を持つトライフォンに合計15の状態（開始・終了状態をのぞく）が定義されている．状態を共有することで，第2状態で2種類，第3状態に3種類，第4状態に2種類の合計7種類状態にグループ化される．

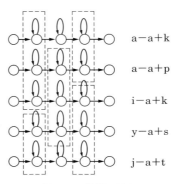

図 3.9 状態の共有

実際にトライフォンのクラスタリングを行うためには以下の準備が必要である．

(a) クラスを決定するための文脈を分類する規則 R の組

$$M \xrightarrow{R} \{M_y, M_n\}$$

音素文脈に応じて状態の分類を行うために，どのような音素文脈の組が同一のグループになる可能性があるか，に関する規則をあらかじめ記述しておく必要がある．このような規則の一例を表 3.1 に示す．規則を適用することで，すべてのトライフォンの当該状態が二つのグループに分類される．

表 3.1 クラスタリングのための分類規則の例

規則の内容	正分類	負分類
先行音素が母音？	{aiueo}-x+*	{~aiueo}-x+*
後続音素がk？	*-x+k	*-x+~k

(b) 分類によって得られる性能向上の指標

$$Q(\Theta, \{\Theta_y, \Theta_n\})$$

分類前は，一つのモデルで表現されていた状態（状態に対応する分布のパラメータ）が分類後は二つの状態で表現されるため，モデル化の精度が向上する．この精度の向上を評価する指標を分類前後のモデルに対応するパラメータ Θ から計算する*．

*尤度基準により行うのが一般的である．

これらの要素を用いてクラスタリングは以下の手順で行われる．

(1) 未分類のモデルを節点とする分類木を用意する．
(2) すべての節点に対して（3）〜（5）を行う．
(3) 分類規則の中から一つの規則を取り出し，規則に従って節点に含まれるモデルを2分類する．
(4) 分類によって得られた二つのグループのモデルパラメータ $\{\Theta_y, \Theta_n\}$ を推定する．
(5) 分類により得られるパラメータの精度向上を $Q(\Theta, \{\Theta_y, \Theta_n\})$ により評価する
(6) 分類により得られるモデル化の精度の向上が最も大きい分類規則を適用してモデルを分類し，節点として分類木に加える．
(7) モデル数があらかじめ定めた数に達していなければ，（2）に戻る．

前述の JNAS コーパス用の標準的なモデルでは，8 000 程度のトライフォン（3 状態）のセットを表現するために，合計 3 000 程度のグループに分類して状態を表現している．

3. 分布の共有[6]

標準的な HMM では，状態ごとに混合正規分布を用いて出力確率分布を構成することが一般的である．例えば 16 混合の混合正規分布を状態ごとに設定した場合には

$$43（音素数）\times 3\,000（クラスタリングされた状態数）$$
$$\times 16（混合数）= 2\,064\,000$$

程度の分布を学習する必要がある．また，認識を行う場合に必要な計算量も大量である．そこで，異なるモデル・状態間で混合正規分布のための正規分布を共有することで，効率的なモデルを構成することが行われる．特に，すべてのモデル間で同一の数百から千程度の正規分布を共有する HMM は，**タイドミクスチャ型**と呼ばれる（図 3.10）．このタイドミクスチャ型の中で，特に中心音素が同一であるトライフォンの間だけで分布の共有を行う方法は，音素内タイドミクスチャモデル（**PTM モデル**）と呼ばれる．

タイドミクスチャー：
tied-mixture

PTM：
Phonetically
Tied-Mixture

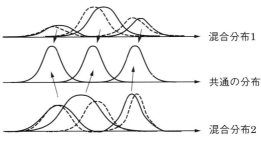

図 3.10 タイドミクスチャモデル

3.5 GMM-HMMの適応

本節では，GMM-HMM を話者や環境に適応するための標準的な方法について述べる．これは，少量の適応データを用いて，正規分布の平均ベクトルを（場合によっては分散も）更新するものである．

MAP：Maximum A Posteriori

1. MAP 適応

適応データ o を用いて，Baum-Welch アルゴリズムにより，平均 $\hat{\boldsymbol{\mu}}_m$ を以下のように更新する．その際に，適応データに重みをつける．

$$\hat{\boldsymbol{\mu}}_m = \frac{\tau \boldsymbol{\mu}_m + \sum_n \varphi(n,m) \boldsymbol{o}(n)}{\tau + \sum_n \varphi(n,m)} = \frac{\tau \boldsymbol{\mu}_m + \left(\sum_n \varphi(n,m)\right)^* \cdot \hat{\boldsymbol{\mu}}_m}{\tau + \sum_n \varphi(n,m)} \qquad (3.40)$$

ここで，$\boldsymbol{\mu}_m$ は適応元（ベースライン）モデルの平均，$\hat{\boldsymbol{\mu}}_m$ は適応データのみに対して Baum-Welch アルゴリズムにより求められる平均である．上式からわかるように，両者を線形補間することにより適応が行われる．τ が補間係数（重み）で経験的に設定する．

MAP 適応は，適応データが徐々に蓄積されるにつれて，その平均に近づけることができる反面，適応データが少ないと信頼できる推定が行えないという問題がある．極端な場合，特定の音素が含まれないと，その音素モデルについて適応が行われない．また，適応

データのラベルに誤りが含まれると誤った適応が行われるので，教師なし適応にはあまり適さない．

2. MLLR 適応

MLLR：Maximum Likelihood Linear Regression

適応元（ベースライン）モデルの平均 μ_m と適応先のモデルの平均 $\hat{\mu}_m$ のアフィン変換を推定する．

$$\hat{\mu}_m = A\mu_m + b \tag{3.41}$$

ここで，A は線形変換行列，b は移動ベクトルであり，これらのパラメータは適応データに対する尤度が最大になるように学習する（最尤推定）．

その際に少量の学習データでも頑健に推定できるように，平均ベクトルに対して木構造（回帰木）クラスタリングを行う．クラスタ数は最大でも数十である．学習データが少ないときは，すべての平均ベクトルに対して同一の変換行列を適用し，多くなるとクラスタごとに異なる変換行列を推定する．MLLR 適応は，このように少量の学習データでも頑健に動作するうえに，類似の音素間では同一のクラスタになっていることが想定されるので，学習データのラベルに誤りの含まれる教師なし適応の場合でも頑健に動作する．

すべての平均ベクトルに対して単一の変換行列を用いる場合は，下記のように入力音響特徴量に対して変換を行う場合と等価になる．

$$\hat{o}_m = A^{-1}o_m - A^{-1}b \tag{3.42}$$

これは特徴量ベースの MLLR（fMLLR）と呼ばれるが，入力の正規化とも捉えられる．

3. 話者適応学習

不特定話者のモデルを学習する際には，話者間の変動が小さい方が望ましい．そこで，各話者ごとに上記の fMLLR を用いて音響特徴量を変換したうえで，モデル学習を行う方式が考えられ，これを話者適応学習（SAT）と呼ぶ．

SAT：Speaker Adaptive Training

話者適応学習を行った場合は，必ず認識の際も同一の適応を行う必要がある．fMLLR の代わりに VTLN を行っても同様である．

3.6 GMM-HMMの識別学習

最尤推定は，当該モデルΛ_iに対応する学習サンプル$\boldsymbol{O}$のみを用いて，対数尤度$\log p(\boldsymbol{O}|\Lambda_i)$を最大化するように学習を行う．一方，音声認識を含むパターン認識においては，ほかのモデルとの尤度差や誤分類の数が重要である．このような観点から，適当な目的関数を定義して，ほかのモデルΛ_jに属する学習サンプルも用いて学習を行う方法を識別学習と呼ぶ．本節では，GMM-HMMで用いられる代表的な識別学習の方法を紹介する．

MCE：Minimum Classification Error

1. MCE学習

競合するほかのモデル（$M-1$個）の尤度の重み付き平均との差を以下のように定義する．

$$d(\boldsymbol{O}) = -\log p(\boldsymbol{O}|\Lambda_i) + \log\left\{\frac{1}{M-1}\sum_{j \neq i}^{M} p(\boldsymbol{O}|\Lambda_j)^\eta\right\}^{1/\eta} \quad (3.43)$$

ここで，$\eta \to \infty$のときは競合する中で最も尤度の高い候補のみと比較する場合に相当し，$\eta = 1$のときは後述のMMI学習に近くなる．ただし実際には，以下のようなシグモイド関数を介した目的関数を定義して，これを最小化する．

$$\begin{aligned} l(d(\boldsymbol{O})) &= \frac{1}{1+\exp(-\gamma \cdot d(\boldsymbol{O}))} \\ &= \left[1 + \left\{\frac{p(\boldsymbol{O}|\Lambda_i)}{\frac{1}{M-1}\left(\sum_{j \neq i}^{M} p(\boldsymbol{O}|\Lambda_j)^\eta\right)^{1/\eta}}\right\}^\gamma\right]^{-1} \end{aligned} \quad (3.44)$$

γがある程度大きい場合，この値は分類が正しいときに0，誤りのときに1に近づく．したがって，多数の学習サンプルが与えられると，この目的関数は誤分類数を近似することになり，この最小化は誤分類の最小化を意味する．

MMI：Maximum Mutual Information

2. MMI学習

以下で定義されるモデルΛ_iと学習サンプル$\boldsymbol{O}$の相互情報量の最大化を考える．

$$MI(\Lambda_i, \boldsymbol{O}) = \log \frac{p(\Lambda_i, \boldsymbol{O})}{p(\Lambda_i) \cdot p(\boldsymbol{O})} = \log \frac{p(\boldsymbol{O}|\Lambda_i)}{p(\boldsymbol{O})}$$

$$= \log \frac{p(\boldsymbol{O}|\Lambda_i)}{\sum_j p(\Lambda_j) \cdot p(\boldsymbol{O}|\Lambda_j)} \quad (3.45)$$

$$MI(\Lambda_i, \boldsymbol{O}) = \log p(\boldsymbol{O}|\Lambda_i) - \log \sum_j p(\Lambda_j) \cdot p(\boldsymbol{O}|\Lambda_j) \quad (3.46)$$

ここで，$p(\Lambda_i)$ が等しいとすると

$$MI(\Lambda_i, \boldsymbol{O}) = \log p(\boldsymbol{O}|\Lambda_i) - \log \sum_j p(\boldsymbol{O}|\Lambda_j) = \log p(\Lambda_i|\boldsymbol{O})$$

$$(3.47)$$

となり事後確率の最大化とも等価になる．

　MMI学習とMCE学習を比較すると，どちらもほかのモデルとの尤度比（対数尤度差）を考慮しているが，MCE学習の方がシグモイド関数を介することで誤分類に対してより敏感になっている．

3. MBRおよびMPE学習

MBR：Minimum Bayes Risk

MPE：Minimum Phone Error

　各識別結果に対して一般的に損失関数 $l(\ )$ を定義し，事後確率に重みづけたものの期待値をベイズリスクと呼ぶ．

$$BR(\boldsymbol{O}) = \sum_i p(\Lambda_i|\boldsymbol{O}) \cdot l(\Lambda_i) \quad (3.48)$$

ここで $l(\ )$ として，誤分類のときのみ1，ほかは0となる0-1損失関数を用いると，上記は事後確率最大化と等価になり，前述のMMI学習や（$\eta = \gamma = 1$ のときの）MCE学習に近くなる．

　一方，連続音声認識においては，多数の文候補を生成したうえで上記の総和を計算するとともに，損失関数として正解に対する音素誤り率を用いることができる．これは，単語グラフを生成することで効率的に実現できる．これをMPE学習と呼ぶ．

演習問題

問1 HMM の共有状態数や混合分布数は経験的に人手で指定することが一般的であるが,これらのハイパーパラメータを最適化する方法を検討せよ.

問2 雑音が重畳した音声の認識のための音響モデルを構築する方法について検討せよ.

第4章
ディープニューラルネットワーク(DNN)によるモデル

　音声認識においてニューラルネットワークを用いることは，1990年頃にも盛んに研究が行われ，音素識別などではよい性能が報告されたものの，確率的な枠組みに基づく連続音声認識システムでは統計的なモデルである混合正規分布（GMM）に基づく隠れマルコフモデル（HMM）が標準的になった．これに対して，2010年頃から再びニューラルネットワークが注目されるようになり，主流になった．1990年頃と比べて，入力特徴量（セグメント：数百次元），出力カテゴリ（トライフォン状態：数千クラス），中間層の層・ノード数ともに，巨大化したのが最大の特徴であり，ディープニューラルネットワーク（DNN）と呼ばれる．多層のネットワークを逐次的に事前学習したうえで，全体をバックプロパケーション学習するディープラーニングにより，大規模なネットワークの学習が可能になった[1-3]．

■4.1　DNN-HMMの基本構成

　音声認識で一般的に用いられるニューラルネットワークは，図4.1のようなフィードフォワード型のもので，入力層で特徴量に対応するノードを，出力層で識別カテゴリに対応するノードを，その間に複数の中間層を用意し，一つ上の層の全ノードにリンクを

第4章 ディープニューラルネットワーク（DNN）によるモデル

DNN：Deep Neural Network

張ったものである．中間層を多数用意したものが，ディープニューラルネットワーク（DNN）と呼ばれる．

音声認識の音響モデルに DNN を用いる直接的な方法は，GMM-HMM における各状態の GMM による確率計算を DNN に置き換えるものであり，DNN-HMM ハイブリッドシステムと呼ばれる．別の方法として，DNN の出力もしくは中間層の値を特徴量（当該層のノード数を抑えた場合，ボトルネック特徴量と呼ばれる）として用いて，GMM を学習する DNN-GMM-HMM タンデムシステムもある（図 4.1）．

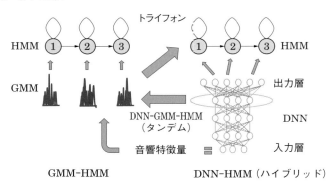

図 4.1　GMM-HMM と DNN-HMM

DNN では，音響特徴量が与えられる入力層から出力層まで順次各層の計算を行う．全 L 層からなる DNN の各層（第 l 層）のノード j では，これに結合する前の層（第 $l-1$ 層）のすべてのノード i の出力値 y_i^{l-1} とリンクの重み w_{ij}^l の積和を求め，バイアス項 b_j^l を加えたもの（x_j^l）に，非線形関数 f を適用することで出力値 y_j^l を得る（図 4.2）．

図 4.2　ニューラルネットワークの各ノード

4.1 DNN-HMMの基本構成

$$y_j^l = f(x_j^l) = f\left(\sum_i w_{ij}^l * y_i^{l-1} + b_j^l\right) \quad (4.1)$$

なお，y_j^0 は入力特徴量 o の第 j 次元に対応する．中間層（1〜L−1 層）では，この関数 f として，しきい値関数を模したシグモイド関数（2クラスロジスティック回帰）や双曲線正接（tanh）関数，ReLU 関数などがよく用いられる．

ReLU：rectified linear unit

$$\text{シグモイド関数：} y_j = \text{sigmoid}(x_j) = \frac{1}{1 + \exp(-x_j)} \quad (4.2)$$

$$\text{tanh 関数：} y_j = \tanh(x_j) = \frac{e^{x_j} - e^{-x_j}}{e^{x_j} + e^{-x_j}} \quad (4.3)$$

$$\text{ReLU 関数：} y_j = \text{ReLU}(x_j) = \max(0, x_j) \quad (4.4)$$

シグモイド関数と tanh 関数の間には，$\tanh(x) = 2\text{sigmoid}(2x) - 1$ という関係が成立し，両者の違いは主に値域の違いである．ReLU 関数は値域が有界でなく，また多数の層を経ても勾配が指数的に減衰しない性質をもつ．

出力層（第 L 層）では，全ノードに対する事後確率を計算するために softmax 関数（多クラスロジスティック回帰）が用いられる．

$$\text{softmax 関数：} c_j = y_j^L = \frac{\exp(x_j^L)}{\sum_k \exp(x_k^L)} \quad (4.5)$$

出力層のノードは，HMM の各状態 S_i に対応付けられるが，一般的な音声認識ではトライフォンモデルの共有状態となる．これは，先行音素と後続音素の文脈を考慮し，クラスタリングを行ったもので数千個のオーダになる．音声認識で必要となるのは，入力特徴量 o に対する各状態 S_i の出力確率 $p(o|S_i)$ であるが，DNN で計算される出力は通常 softmax 関数を経た事後確率の形となるので，事前確率 $p(S_i)$ で除して，HMM に渡す．事前確率は，学習データベース中の各状態の頻度から推定する．

$$p(o|S_i) \approx \frac{p(S_i|o)}{p(S_i)} \quad (4.6)$$

DNN による確率計算は，GMM と比べて計算量が大きいが，単純な行列計算の組合せであるので，GPU による高速化が容易であり，リアルタイムの認識も十分に可能である．

表 4.1　GMM-HMM と DNN-HMM の性能比較

	学習データ （時間）	GMM-HMM 単語誤り率	DNN-HMM 単語誤り率
TIMIT 音素認識	10	27.3%	22.4%
Switchboard 電話音声	300	23.6%	17.1%
Google 音声検索	5870	16.0%	12.3%
JNAS　日本語 新聞記事	85	6.8%	3.8%
CSJ　日本語 講演音声	257	20.0%	16.9%

上段三つは文献(1)より引用．下段二つは著者による（必ずしも厳密な比較ではない）．

　各種の音声認識タスクにおいて，DNN-HMM が従来の GMM-HMM を凌ぐ認識精度を得られることが示されている．種々の初期のベンチマークの結果を表 4.1 に示す．音素認識から大語彙連続音声認識までのさまざまなタスクにおいて，誤り率を概ね 20〜30 % 削減している．

　DNN が GMM に比べて優れている最大の理由は，識別器に特徴抽出を統合して最適化しているためであろう．GMM-HMM では，当該フレームのメル周波数ケプストラム係数（MFCC）やその回帰係数（ΔMFCC）などが主な特徴量として用いられてきたが，DNN を用いる際には，比較的広い範囲（前後各 5 フレーム以上）のフィルタバンク出力をそのまま用いるのが最も効果的とされている．生の周波数特徴量を与えて，特徴抽出もニューラルネットワークの学習に委ねるものである．これに対して，GMM-HMM の学習では，統計的推定の信頼性の点から特徴量の次元をあまり大きくできず，しかも無相関にすることが望ましいとされていた．そのため，MFCC や ΔMFCC に変換していたのであるが，このような単純な特徴抽出が性能のボトルネックになっていたことを示唆している．

4.2 DNN-HMMの学習法

DNN-HMMの標準的な構築手順の概要は以下の通りである．
(1) GMM-HMMを学習する．これは，トライフォン状態のクラスタリングを含む．
(2) 学習データベースをトライフォンHMMの状態でアライメントする．
(3) アライメントされたデータ（音響特徴量とHMMの状態ラベルの対）を用いて，DNNを学習する．これは通常，各層ごとの制約付きボルツマンマシン（RBM）の教師なし事前学習とネットワーク全体の教師付きバックプロパゲーション学習からなる．

HMMの状態遷移確率は（1）で推定されたものを用い，出力確率のみDNNで計算する．前述の事前確率の推定を含めて，学習データのアライメントを行うために，高い精度のGMM-HMMを必要とする．

1. バックプロパゲーション学習

バックプロパゲーション：
back propagation

バックプロパゲーション（誤差逆伝播法）は，多層ニューラルネットワークの標準的な教師付き学習法である．パターン認識の場合は，教師信号として，正解のクラスに1を，ほかのクラスに0を与える．ニューラルネットワークの出力を $y_j^L = c_j$，正解（教師信号）を d_j とするとき，以下のクロスエントロピーに基づく目的関数を定義する．

$$C = -\sum_j d_j \log c_j \quad (4.7)$$

出力層の重み w_{ij}^L の値は以下の式で更新する．

$$\widehat{w_{ij}^L} = w_{ij}^L - \varepsilon \frac{\partial C}{\partial w_{ij}^L} = w_{ij}^L - \varepsilon \frac{\partial x_j^L}{\partial w_{ij}^L} \frac{\partial C}{\partial x_j^L}$$
$$= w_{ij}^L - \varepsilon y_j^{L-1}(c_j - d_j) \quad (4.8)$$

ここで，$\frac{\partial x_j^L}{\partial w_{ij}^L} = y_j^{L-1}$，$\frac{\partial C}{\partial x_j^L} = (c_j - d_j)$ の関係を用いた．なお，

出力層で softmax 関数でなく，線形関数やシグモイド関数を用いる場合は，損失関数をクロスエントロピーでなく，二乗誤差で定義することで，同様の学習則が導出される（シグモイド関数の場合はその微分係数 $f'(x_j)$ の重みが加わる）．

次に中間層については，出力層の誤差を $e_j^L = \dfrac{\partial C}{\partial x_j^L} = (c_j - d_j)$ と定義し，中間層の誤差を $e_j^l = \dfrac{\partial C}{\partial x_j^l} = f'(x_j^l) \sum_k w_{jk}^{l+1} e_k^{l+1}$ と定義することで，中間層の重みについて上の層の誤差を逆伝播する学習則が導出される．

$$\widehat{w_{ij}^l} = w_{ij}^l - \varepsilon \frac{\partial C}{\partial w_{ij}^l} = w_{ij}^l - \varepsilon \frac{\partial x_j^l}{\partial w_{ij}^l} \frac{\partial C}{\partial x_j^l}$$
$$= w_{ij}^l - \varepsilon y_j^{l-1} e_j^l \tag{4.9}$$

ただし，

　　シグモイド関数の場合：$f'(x_j) = y_j(1 - y_j)$
　　tanh 関数の場合：$f'(x_j) = 1 - y_j^2$
　　ReLU 関数の場合：$f'(x_j) = \max(0, \mathrm{sgn}(x_j))$

上記の重みの更新は，学習サンプルごとでなく，ある程度のまとまり（ミニバッチと呼ばれる）に対して総和を計算したうえで行われる．この学習法は一般に，確率的勾配降下法（SGD）と呼ばれる．各ミニバッチの入力特徴量や各層の出力値は二次元配列として表現できるため，誤差の伝播や重みの更新（式 (4.8), (4.9)）は単純な行列演算として実装でき，GPU 上で容易に高速実行が可能である．音響モデルの学習では，このミニバッチが一様なデータ（同一話者の発話など）で占められないように，あらかじめフレーム単位で学習データをシャッフルしておくことも実用上重要である．

SGD：Stochastic Gradient Descent

上式 (4.9) の ε は学習率と呼ばれ，通常 1 より小さい正の値を初期値とし，学習が進むにつれて徐々に小さくしていく．この制御は，開発セットのフレーム正解精度を各エポック（全ミニバッチを用いた学習 1 回分）の終了時に評価し，改善があらかじめ定めたしきい値を下回れば学習率を半減させることで行うのが一般的である．

2. RBM による事前学習

上記の学習法は 1980 年代にはほぼ確立されていたが,ニューラルネットワークの層の数が多くなると,1 より小さい値が何重にも乗算されるために,重みの更新(具体的には式 (4.9) の第二項)がほとんど行われないという勾配消失問題が知られていた.そのため,特徴抽出と分類を多段で最適化するディープなニューラルネットワークの学習は事実上行うことができなかった.また仮に学習できたとしても,複雑なゆえにオーバーフィッティングの問題を避けるのが困難であった.

勾配消失問題:
Vanishing Gradient

これらの問題を解決する端緒となったのが,効率的な事前学習法である.最も広く用いられているのが,制限付きボルツマンマシン (RBM) に基づくものである.これは,教師なし・自己組織的な特徴抽出を行うもので,最尤推定に基づく生成モデルと捉えることができる.

RBM : Restricted Boltzmann Machine

RBM は,入力層 v と隠れ層 h の 2 層からなり,同一の層のノード間のリンクはないネットワークを仮定するもので,v_i と h_j の重みを w_{ij},v と h のバイアス(定数)項を a,b とすると,ベルヌーイ変数とみなして,下記のようにモデル化する.

$$p(h_j=1|\boldsymbol{v}) = \mathrm{sigmoid}\left(\sum_i v_i w_{ij} + b_j\right) \quad (4.10)$$

$$p(v_i=1|\boldsymbol{h}) = \mathrm{sigmoid}\left(\sum_j h_j w_{ij} + a_i\right) \quad (4.11)$$

ただし,最初の入力層については,以下のように,平均 0,分散 1 のガウス分布を仮定する.逆にいうと,入力特徴量は平均 0,分散 1 になるように正規化しておく必要がある.

$$p(v_i=1|\boldsymbol{h}) = N\left(\sum_i h_i w_{ij}, 1\right) \quad (4.12)$$

このとき,以下のエネルギー関数 E を介して同時分布を規定する.

$$E(\boldsymbol{v},\boldsymbol{h}) = -\sum_{i,j} v_i w_{ij} h_j - \sum_i a_i v_i - \sum_j b_j h_j \quad (4.13)$$

$$p(\boldsymbol{v},\boldsymbol{h};\boldsymbol{W}) = \frac{\exp\{-E(\boldsymbol{v},\boldsymbol{h};\boldsymbol{W})\}}{\sum_{\boldsymbol{v}',\boldsymbol{h}'} \exp\{-E(\boldsymbol{v}',\boldsymbol{h}';\boldsymbol{W})\}} \quad (4.14)$$

そのうえで,以下の入力に対する尤度が最大になるように重みの

推定を行う．

$$p(\bm{v};\bm{W}) = \frac{\sum_{h} \exp\{-E(\bm{v},\bm{h};\bm{W})\}}{\sum_{v',h'} \exp\{-E(\bm{v}',\bm{h}';\bm{W})\}} \tag{4.15}$$

CD：Contrastive Divergence

RBM の学習には CD 法[4]と呼ばれる効率的なアルゴリズムが存在する．これは式（4.15）の微分を求めるために必要な複雑な期待値計算をサンプリングにより近似的に行う手法であり，通常 1 回のサンプリングで打ち切っても十分よい勾配が得られることが知られている．この学習も SGD に基づいて行われる．

この RBM の学習を入力層から最初の隠れ層，そして次の隠れ層の順番に 1 段ずつ（前段の出力を次の入力として）行う．そして，

DBN：Deep Belief Network

これらを積み重ねることで，多段の生成モデル（DBN）を構成し，これを DNN の初期値とする．具体的には，シグモイド関数に基づく隠れ層の重みとバイアスに，式（4.10）の w_{ij} と b_j を用いる．

なお，softmax 関数を用いた出力層の重みは，通常乱数で初期化する．また，ReLU 関数など収束が早い活性化関数を用いた場合や，学習データが大量に利用できる場合などは，事前学習の必要性は低く，全層のパラメータを乱数で初期化することも多い．

■3. 正則化と Dropout 法

DNN は膨大な数のパラメータをもつため，過学習を回避するためのテクニックは特に重要である．

L2 正則化は，目的関数（式 4.7）に $\alpha/2 \bm{w}^T \bm{w}$ といったペナルティ項を加えることで，重みが小さくなるように学習を行う．このとき，勾配（式 4.8 と式 4.9）には，$+\alpha \bm{w}$ という項が加わる．これは，ReLU 関数のように値が有界でない場合は特に有効である．

Dropout 法は，学習時にランダムに一定割合のノードを重み更新の対象から外すことで，規模の大きなモデルの頑健な学習を図る手法である．

Dropout 学習では，予め定めた確率 p で 1 となるベルヌーイ分布から生成したバイナリマスク m_j^i を用いて各ノードの出力およびエラーを以下のように計算する．

$$y_j^l = m_j^l f\left(\sum_i w_{ij}^l y_i^{l-1} + b_j^l\right) \quad (4.16)$$

$$e_j^l = m_j^l f'(x_j^l) \sum_k w_{jk}^{l+1} e_k^{l+1} \quad (4.17)$$

そのうえで，通常のバックプロパゲーションにより学習を行う．ただし，評価時は Dropout を行わないので，学習された重みを $(1-p)$ 倍して用いる．Dropout を用いて学習した DNN は構造の異なる多数のネットワークのアンサンブルと考えられるため，高い汎化性能をもつと期待される．

4. 系列識別学習

バックプロパゲーションに基づくニューラルネットワークの学習は，競合クラスの尤度を考慮して行われる点で識別学習の一種であるが，学習の目的関数はあるフレームのサンプルのクロスエントロピー（式 4.7）である．これに対して音声認識では，パターンの時系列に対する尤度に基づいて認識結果が得られ，これに対して音素誤りや単語誤りが評価される．

そのため，3.6 節 3 項で紹介した GMM-HMM における識別学習と同様の学習を追加的に行う．すなわち，クロスエントロピー基準によりフレーム正解精度を最適化する代わりに，各発話の系列としてのエラーを最小化する学習を行う．これを系列識別学習[5,6]と呼ぶ．学習基準には，文誤りを最小化するもの（MMI），音素誤りの期待値を最小化するもの（MPE），HMM 状態誤りの期待値を最小化するもの（MBR）など，GMM-HMM の識別学習において開発された基準が用いられる．

系列識別学習：sequence discriminative training

4.3　DNN の適応

音声認識では，新しいタスク・環境や話者に徐々に適応する機能が重要である．DNN を用いる認識手法は，GMM-HMM で一般的に用いられていた MLLR や MAP などの適応手法が適用できないため，適応法はまだ研究課題である．

最もナイーブな方法は，適応データで追加的にバックプロパゲーション学習を行うものであるが，大規模なデータで学習されたネットワーク全体のパラメータは膨大であるので，少量のデータで再学習を行うのは不安定になる恐れがある．そこで，正則化などを導入したり，特定の層やノードのみを話者・環境依存のものとして設定し，これらのみを学習する方法が考えられている．あるいは，ネットワークの一部のパラメータ，例えば各ノードの出力のゲイン値のみを学習することも検討されている．

応用例は限られるが，クラスタごと（例えば男女別）にモデルを構成・学習しておいて，その線形補間値のみを適応データで推定することも考えられる．

最も標準的になりつつアプローチとして，あらかじめ入力に話者や環境に関する補助情報を追加して，ネットワークを構成・学習する方式がある．話者適応の場合は，話者性をコンパクトに表現した i-vector を用い[7]，環境適応の場合は 直近の雑音や音声の成分を追加することが代表例である．この場合ネットワーク自体を再学習する必要はないが，これらの補助情報を計算するために入力を待つ必要があるという問題がある．

なお，VTLN（2.3節）や fMLLR（3.5節）など，GMM-HMM 音響モデルで用いられた特徴量正規化手法は，DNN-HMM においても一定の効果がある．

■4.4 ほかのニューラルネットワーク

単純なフィードフォワード型のニューラルネットワークの拡張・改良はさまざまに研究されているが，その代表的なものを以下に紹介する．これらは，DNN の一部や組合せとしても用いられる．

CNN：
Convolutional
Neural Network

■1. コンボリューショナルニューラルネットワーク（CNN）

CNN は一般に畳込み層とプーリング層の組合せにより実現されるネットワークである．畳込み層は図 4.3 に示すように，ニューラルネットワークの重みを局所的な範囲に制限したうえで，これを並

列に並べ，かつ重みを共有したものである．これは，入力に対してフィルタを適用することによって特徴抽出を行う処理と捉えることができる．このようなフィルタを多数用意して並列に適用する．この後に，最大値もしくは平均値をとるプーリング操作を行うことで，入力全体から特徴抽出を行う．CNNは，位置ずれに不変な特徴抽出が行われるので，画像認識で広く用いられているが，音声認識においても通常のDNNの入力側にCNNを配置することの効果が示されている[8, 9]．

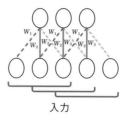

図4.3 コンボリューショナルニューラルネットワーク（CNN）

画像データに対しては畳込みやプーリングが二次元的に行われるが，音声データに対しては通常，周波数軸に沿った一次元の処理のみを行う．CNNはスペクトル上の局所的な特徴を捉えるのが目的であるため，ケプストラム特徴量は入力として不適であり，入力としてフィルタバンク出力を用いることが多い．周波数軸上の畳込み・プーリングは，話者の声道長などに起因する周波数軸上の局所的な変動を正規化する効果がある．

音声認識で用いられるCNN層の典型的な例を図4.4に示す．入力は，中心フレームの前後5フレーム（計11フレーム）分の対数メルフィルタバンク出力（40次元），およびそのデルタ，デルタデルタ係数からなる．これは，DNN-HMMで一般的に用いられる入力特徴量と同一である．この1 320次元の特徴量を，各フレームの静的係数，各フレームのデルタ係数，各フレームのデルタデルタ係数のみからなる計$I=33$枚の入力特徴量マップとして再構成する．これは，画像入力においてある位置のユニットが赤，緑，青に対応する三次元の入力をもつことに対応する．各マップは40×1のサイズをもつ．この入力特徴量マップに，サイズ$F=(5 \times 1)$のフィル

タを畳み込んでいくことで局所的な特徴の抽出を行う．この畳込み層の特徴量マップはこの例では $J=180$ 枚用意しており，異なる重みを持つフィルタは計 $I \times J = 5\,940$ 枚存在する．なお，パディングによる入力の拡張を行わない場合，畳込み層の特徴量マップの帯域数は $(40-5+1)=36$ となる．畳み込み処理の後，シグモイド関数や ReLU 関数などの非線形活性化関数を適用する．

次に最大値プーリングを行う．プーリングサイズを $G=2$ とすると，各特徴量マップ上の隣り合う帯域のうち大きい値のみがプーリング層へ伝えられる．プーリングのシフト幅を $S=2$ とすると，プーリング層の特徴量マップの帯域数は $36/2=18$ となる．したがって，プーリング層の全ノード数は $180 \times 18 = 3\,240$ となる．これを後続の DNN へ入力して音素の識別を行う．あるいは，さらに別の CNN 層に接続することもできる．

CNN の学習は，入力特徴量マップと重み行列を適切に構成することで，従来の DNN と同様の行列演算に帰着できる．ただし，プーリング層のエラーは最大値を与える畳込み層のノードのみに伝播させることに注意する．

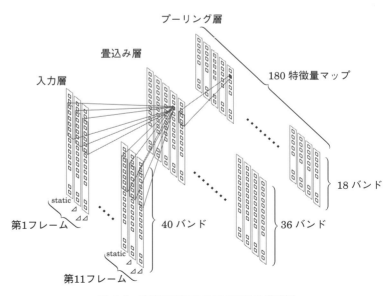

図 4.4　音声認識のための CNN の構成例

RNN：Recurrent Neural Network

■2. リカレントニューラルネットワーク（RNN）

通常のDNNでは，その時点（フレーム）の入力に対して識別を行うので，時系列的なモデル化ができない．前後のフレームの特徴を併用して入力することで対応している．これに対してRNNは，図4.5に示すように，直前の中間層の状態を記憶しておいて，それと次の入力をあわせて処理を行うネットワークである．これにより，原理的にそれまでの履歴をすべて反映したモデル化が行える．

ただしこの学習に際しては，時系列的に行うか，履歴を反映したデータを用意する必要がある．前者はGPUによる並列化ができず，後者はデータ作成に膨大な手間が必要となる．そこで履歴を一定長に限定して，ミニバッチを行うことが一般的である．

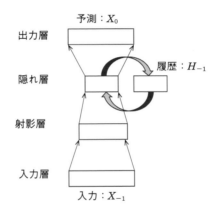

図4.5　リカレントニューラルネットワーク（RNN）

LSTM：Long Short-Term Memory

■3. LSTM[10]）

RNNは原理的には時系列的なモデル化を行うが，通常のバックプロパゲーション学習法を適用すると，1より小さい値が何重にも乗算されるために，実際には学習が効果的に行われないという勾配消失問題に直面する．これに対してLSTMは，さまざまな「ゲート」を導入して，過去の状態の影響を2値化することにより，この問題の解決を図っている．実際に，LSTMを用いることによりリカレントニューラルネットワークに基づく音響モデルが通常のフィードフォワード型のニューラルネットワークの性能を上回るよ

第4章 ディープニューラルネットワーク（DNN）によるモデル

うになった[11]．ゲート構造をもたない RNN で扱えるタイムラグが高々10ステップ程度とされるが，音声認識にはこれより長い範囲のフレームの情報も関与していることを示唆している．典型的な LSTM の例を図 4.6 に示す．

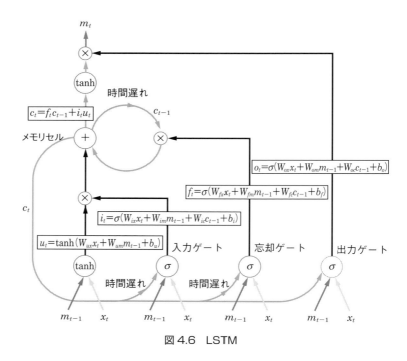

図 4.6　LSTM

LSTM の内部では，メモリセルと呼ばれる再帰ループを持つ特殊なノードが中心的な役割を果たす．また，ゲートにより情報の流れを制御する．入力ゲートは，ネットワーク前段からの入力のメモリセルへの伝播を制御する．出力ゲートは，メモリセルの内部状態のネットワークの後段への伝播を制御する．忘却ゲートは，メモリセルの再帰ループの流れを制御することで，適応的に内部状態をリセットする．

LSTM は，以下の式を用いてユニット出力を時刻 1 から T へ逐次的に計算することにより，入力系列 $\bm{x}=(x_1,\cdots,x_T)$ を出力系列 $\bm{y}=(y_1,\cdots,y_T)$ へ逐次的にマッピングする．

入力ゲート：
input gate

出力ゲート：
output gate

忘却ゲート：
forget gate

$$i_t = \sigma(W_{ix}x_t + W_{im}m_{t-1} + W_{ic}c_{t-1} + b_i)$$
$$f_t = \sigma(W_{fx}x_t + W_{fm}m_{t-1} + W_{fc}c_{t-1} + b_f)$$
$$u_t = \tanh(W_{ux}x_t + W_{um}m_{t-1} + b_u)$$
$$c_t = f_t c_{t-1} + i_t u_t$$
$$o_t = \sigma(W_{ox}x_t + W_{om}m_{t-1} + W_{oc}c_{t-1} + b_o)$$
$$m_t = o_t \cdot \tanh(c_t)$$
$$y_t = \mathrm{softmax}(W_{ym}m_t + b_y)$$

(4.18)

ここで，W は各種重み行列を表す（例えば W_{ix} は入力から入力ゲートへの重みを表す）．b は各種バイアス項を表す（例えば b_i は入力ゲートのバイアスを表す）．i_t, f_t, o_t および c_t は，それぞれ，入力ゲート，忘却ゲート，出力ゲートおよびメモリセルの活性値ベクトルを表す．これらはすべて同じ次元をもつ．通常の DNN と同様に，LSTM で計算された隠れ層の出力値 (m_t) を用いて，softmax 関数を用いた出力層で音素状態カテゴリの識別を行う．

さらなる高精度化のために，LSTM 層自体を多段にすることも行われる．また，順方向の LSTM 層とともに逆方向の LSTM 層を用いた双方向 LSTM も検討されている．LSTM は，HMM を用いないで，入力音響特徴量から音素や文字列などを出力する end-to-end 音声認識[12]と呼ばれるアプローチにおいて中心的な役割を果たす．

4.5 DAEを用いた雑音・残響抑圧

雑音や残響の抑圧においても，従来のスペクトル減算やウィーナフィルタのような統計的な手法に代わって，ニューラルネットワークの検討が最近進められている．主として，図 4.7 に示すようなデノイジングオートエンコーダ（DAE）が用いられる[13]．これは，入力を多段のネットワークにより符号化した後に，復号化するものであるが，雑音や残響が付加された音声（前後のフレームも含めた特徴量）を入力とすることで，元のクリーンな音声を推定・復元するように学習する．学習には，ウィーナフィルタと同様に入力と

DAE : Denoising AutoEncoder

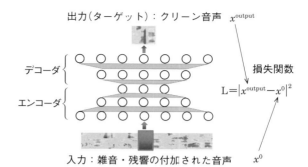

図4.7 デオノイジングオートエンコーダ（DAE）

ターゲットの二乗誤差最小化基準が用いられるが，多段のネットワークにより非線形な写像を実現できるのが特徴である．これにより，従来手法と同等以上の性能が実現されている．特に，学習の際に想定されていた雑音・残響条件とミスマッチがあっても頑健に動作する傾向が確認されている．

雑音・残響抑圧のためのDAEは，音響モデルのためのDNNとほぼ同様に学習することができる．パラメータの初期化もRBMを用いて行うが，入力信号の復元を実現するために，全体として垂直方向に対称的な初期ネットワークを構成する．すなわち，復号化層（上半分）のパラメータは，符号化層（下半分）と同じRBMにより初期化する．ただし，復号化層の重み行列は，符号化層で用いたRBMの重み行列の転置を用いて初期化する．また，復号化層のバイアスは，RBMの隠れ層のバイアスで，符号化層のバイアスは可視層のバイアスにより初期化する．出力層の活性化関数は以下のように恒等関数を用いることが多い．

$$y_j^L = \sum_i w_{ij}^L * y_i^{L-1} + b_j^L \tag{4.19}$$

DAEのバックプロパゲーション学習は，(4.8)，(4.9)式で表される識別のためのDNNと同一の学習則に基づいて行うことができる．

DAEの入力およびターゲットの特徴量をDNN音響モデルと同一（例えばフィルタバンク出力）にすると，DAEの出力をそのま

ま別途学習したDNNへ入力できるので，これらを接続したDNNは一つの音響モデルとして利用できる[14]．また，バックエンド音響モデルとフロントエンドDAEの一体学習についても検討されている．

演習問題

問1 バックプロパゲーション学習は，ニューラルネットワークが多段（ディープ）になると勾配消失問題に陥ることが知られていた．深層学習では，この勾配損失問題がどのように解決されたのか述べよ．

問2 異なる言語間でDNNの一部（特徴抽出を行っている部分）を共有化することも考えられる．この方法の得失を議論せよ．

第5章
単語音声認識と記述文法に基づく音声認識

　本章では，音素ごとに学習された音響モデル（GMM-HMMまたはDNN-HMM）を用いて音声を認識する原理について概説する．まず，音素モデルを連結することで単語のモデルを構成し，観測された音響特徴量の系列を最も高い確率で出力するモデルに対応する単語を決定する問題として，単語音声認識が実現される．さらに，単語間の接続規則として与えられた文法を満たすさまざまな文仮説の中から，最も高い確率で観測音響特徴量を出力する文を決定する問題を，文法ネットワーク上の探索問題として解く方法を説明する．

5.1　音素HMMを用いた単語認識

1. 単語単位のモデルを用いた単語音声認識

　音声認識の最も単純な構成は，数字の認識や「はい」「いいえ」の識別といった単語の認識である．単語音声の認識は，L 個の単語 $\{w_i|i=1, \cdots, L\}$ それぞれに対して単語をモデル化するHMM $\{\Lambda_i|i=1, \cdots, L\}$ が与えられた下で，観測された信号系列 $\bm{O}$ を最も高い確率で出力するモデルを求める問題として定式化することができる．すなわち

$$\arg_i \max\{P(O|\Lambda_i)\}$$

なる w_i を出力することで実現される．単語をモデル化する HMM は，音素 HMM 同様の方法で単語に対応する音声が多数与えられれば EM アルゴリズムを用いて学習することが可能である[*1]．

この方法は，数字（"0"～"9"）の認識などきわめて語彙が限定された場合でしか用いられない．

*1　ただし，音素に比べてより多くの状態を用意する必要がある．

■2. 音素モデルの連結による単語モデルの構成

一般的な単語音声認識を行うためのモデルは音素モデルを連結することで作成される．これは，音素を認識の基本的な単位とすることで，単語を単位とした場合に比較して

・少ないモデルにより単語モデルを構成できる

・学習データに存在しない単語を表現することができる

などのメリットがあるためである．

日本語に出現する音素の音声学的な分類は第1章に示したとおりであるが，大語彙の音声認識に用いる場合には，外来音節や無音などもあわせてモデル化する必要がある．表 5.1 と表 5.2 に，Julius ディクテーションキットなどで採用されている音素モデルとその組合せでモデル化される音節の一覧を示す[*2]．

*2　これらは，ヘボン式のローマ字表記の母音部と子音部をそれぞれ音素に対応させることを基本に定められており，必ずしも正確に音声のバリエーションを記述するものではない．

単語のモデルを，音素 HMM の連結で構成した例を図 5.1 に示す．この例では，単語の先頭に共通な音素列がある場合，それらを共通化することで，音素の木構造として単語が構成されている．このような木構造化された辞書を用いることによって，共通な音素系列に関する確率計算の重複を避けることができる．

図 5.1 の例では，saito:（斉藤），sasaki（佐々木），sato:（佐藤），suzuki（鈴木），yoshida（吉田）を照合する場合，saito:（斉藤），sasaki（佐々木），sato:（佐藤），suzuki（鈴木）は，先頭の1音素 /s/ が，saito:（斉藤），sasaki（佐々木），sato:（佐藤）は先頭の2音素 /sa/ が共通に計算される．

木構造で表現された単語の音素を音素 HMM に置き換えると，単語の HMM を，音素 HMM のネットワークで構成することができる．図の例の場合，五つの姓に対して五つの HMM が個別に対応するのではなく，木構造をした単一の HMM における五つの最終状態が各々の単語に対応している．いい換えれば，「異なる単語

表 5.1 音素の一覧

a	i	u	e	o	a:	i:	u:	e:	o:	N	w	y
p	py	t	k	ky	b	by	d	dy	g	gy	ts	ch
m	my	n	ny	h	hy	f	s	sh	z	j	r	ry
q	sp	silB	silE								

表 5.2 音節表

a あ		i い		u う		e え		o お	
a:	あー	i:	いー	u:	うー	e:	えー	o:	おー
k a	か	k i	き	k u	くす	k e	け	k o	こ
s a	さ	s u	す	s u	すとぅ*	s e	せて	s o	そと
t a	た	t i	てぃ*	t u	とぅ*	t e	て	t o	と
ts a	つぁ*	ts i	つぃ*	ts u	つ	ts e	つぇ*	ts o	つぉ*
n a	な	n i	に	n u	ぬ	n e	ね	n o	の
h a	は	h i	ひ	f u	ふ	h e	へ	h o	ほ
m a	ま	m i	み	m u	む	m e	め	m o	も
y a	や			y u	ゆ			y o	よ
r a	ら	r i	り	r u	る	r e	れ	r o	ろ
w a	わ								
ky a	きゃ			ky u	きゅ			ky o	きょ
sh a	しゃ	sh i	し	sh u	しゅ	sh e	しぇ	sh o	しょ
ch a	ちゃ	ch i	ち	ch u	ちゅ	ch e	ちぇ	ch o	ちょ
ny a	にゃ			ny u	にゅ			ny o	にょ
hy a	ひゃ			hy u	ひゅ			hy o	ひょ
my a	みゃ			my u	みゅ			my o	みょ
g a	が	g i	ぎ	g u	ぐ	g e	げ	g o	ご
ry a	りゃ			ry u	りゅ			ry o	りょ
gy a	ぎゃ			gy u	ぎゅ			gy o	ぎょ
z a	ざ			z u	ず	z e	ぜ	z o	ぞ
j a	じゃ	j i	じ	j u	じゅ*			j o	じょ
d a	だ	d i	でぃ*			d e	で	d o	ど
dy a	でゃ			dy u	でゅ			dy o	でょ
b a	ば	b i	び	b u	ぶ	b e	べ	b o	ぼ
by a	びゃ			by u	びゅ			by o	びょ
N	ん								

sp 無音（文中）　　q 無音（促音）
silB 無音（文頭）　　silE 無音（文末）

注）＊を付した音節は外来音節を表す．

HMM の間で確率の比較を行う」のではなく，大規模な HMM 状態のネットワークにおいて，初期状態から最終状態への「異なる経路の間で確率の比較を行う」ことで，単語の認識を行うことができる．

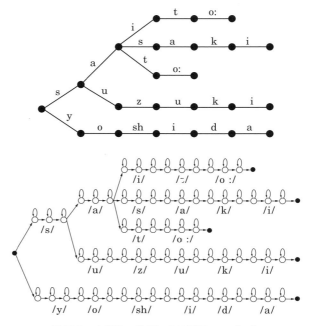

図 5.1　木構造の辞書による単語のモデル化

5.2　記述文法に基づく連続音声認識

1. 文法の機能

　音素モデルを用いて単語を構成し，さらにその単語の系列で文を構成することで，文の認識も可能になる．このような音声認識の形態を**連続音声認識**という．認識対象とするすべての文の集合を「**言語**」という．単語認識時の単語リストのように，認識対象となる単語の系列を限定して，その限定した単語系列のうち最も入力に近いものを認識結果として出力するのが**連続音声認識システム**である．
　したがって，連続音声認識を行うためには，「言語」を規定する（認識対象とするすべての文の集合を決定する）必要がある．言語を規定する規則をここでは（**広義の**）**文法**と呼ぶ．
　言語を規定する要素には「**語彙**」，「（**狭義の**）**文法**」，「**意味**」などがある．「語彙」とは言語を構成するすべての単語の集合である．

```
私/は/マッキンポッシュ/を/使う。      語彙的に誤り
私/マッキントッシュ/は/使う/を。      文法的に誤り
私/は/マッキントッシュ/を/破る。      意味的に誤り
```

図 5.2　文法で受理できない文の例

「文法」は，単語と単語がどのように連接するかを規定する規則の集合である．「意味」は，単純な隣接関係では表現できないような，かかり受けや格の関係などを規定するものである．

　これらの要素を基準として，ある文が文法により受理できるかを判断することができる．図 5.2 に示す三つの文はすべて文法で受理することができない文の例である．すなわち，「私/は/マッキンポッシュ/を/使う。」という文の場合は，「マッキンポッシュ」という単語が語彙的に誤りである．「私/マッキントッシュ/は/使う/を。」の場合は，「使う」という終止形（連体形）の次に助詞「を」が連接することなどが文法的に誤りである．「私/は/マッキントッシュ/を/破る。」は「マッキントッシュ」という固形物が「破る」という動詞の目的格となる点が意味的に不自然である．現在の音声認識では，語彙（辞書）と文法だけを用いて言語を規定する方法が一般的である*．

*後述する統計的な言語モデルでは，単語系列の出現回数の偏りに着目することで，意味を考慮した（暗黙のうちに）文法として動作することが期待されている．

2. 単語のネットワークによる文法の表現

　文法の表現方法や記述にはいくつかの方法がある．認識システムによっても利用できる文法の表現方法に制限があることが多い．ここでは比較的汎用性の高い記述方法である，ネットワーク表現による文法を説明する．一例として，電話取次ぎの依頼文，「営業の安藤さんお願いします」，「営業の佐藤さんお願いします」，「営業の鈴木さんお願いします」を認識する場合を考える．この三つの文は，名前の部分だけが異なりほかの部分は共通である．したがって，図 5.3 のようにネットワークで表現することができる．

　すなわち，音声認識の対象となりうる文のパターンをネットワークの形式で表現することができる．このような形式で表現された文法は**ネットワーク文法**と呼ばれ，正規文法として知られる文法規則

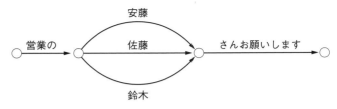

図 5.3 ネットワーク文法の一例

*1 正規文法は単語を出力する有限状態オートマトンと等価である．

と同等の文法記述能力を持つことが知られている[*1]．このことは，図 5.3 の文法を正規文法の書換え規則を用いて，

＜文＞＝＜人名＞＋お願いします
＜人名＞＝＜営業＞＋安藤
＜人名＞＝＜営業＞＋佐藤
＜人名＞＝＜営業＞＋鈴木
＜営業＞＝営業の

と表現することが可能なことからもわかる．上記の書換え規則において，「＜＞」で囲まれた記号は非終端記号であり，規則に従い終端記号の系列に書き換えることができる．ネットワーク文法では，

アーク：状態間を結ぶ経路

ネットワークのノードを非終端記号に，アークを終端記号に，それぞれ対応させることができる．

具体的な例として，図 5.4 に示す文法を用いて「営業の安藤課長お願いします」という文を受理する過程を考える．この文法で生成される文は以下の書換え規則でも受理できる[*2]．

*2 ただし，この文法で受理されない文もこの書換え規則では生成される．

＜文＞＝＜部署＞＋の＋＜人名＞＋＜敬称＞＋お願いします
＜文＞＝＜人名＞＋＜敬称＞＋お願いします
＜人名＞＝＜営業スタッフ＞｜＜総務スタッフ＞
＜部署＞＝営業｜総務
＜営業スタッフ＞＝安藤｜佐藤｜鈴木
＜総務スタッフ＞＝山本｜山本｜吉田
＜敬称＞＝課長｜さん

まず，START と示された状態からネットワークをたどり始める．一番左の START という状態では，「営業」と「総務」という単語が受理できるので，この状態から開始する．ここから「営業」「の」という単語を受理したところでは，「安藤」「佐藤」「鈴木」と

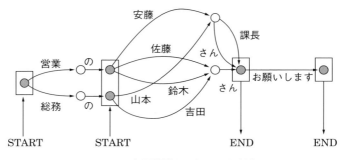

図 5.4 有限状態ネットワーク文法

いう単語が許されており，さらに「安藤」を出力して遷移する状態では，「課長」「さん」が許されている．したがって，「課長」の次の1つ目の END の状態まで到達できる．ここで文が終わっていても文法的に受理できる．しかし，現在考えている例では，「お願いします」という単語がその後につづくので，一番右の END の状態までたどる．ここまで来て文が終了しており，最終状態であるのでこの入力文は文法で受理される．同様に，この文法では「山本さん」「総務の吉田さん」などの文も受理できる．

3. 単語ネットワークと HMM ネットワーク

ネットワーク文法において状態間に出現する単語を単語 HMM に置き換えたネットワークは，一つの大規模な HMM と見なすことができる．したがって，単語認識と同様に，START の文法状態から，END の文法状態に至る HMM 状態系列間で確率の比較を行うことで，文法を満たすすべての単語系列の中から最も高い確率を与える系列を求めることができる．すなわち，連続音声認識が行える．ただし，木構造化された単語認識の場合と異なり，文法状態において複数の単語からの経路が合流することが一般的であるため，確率計算には注意が必要である．複数単語が合流する場合，第 3 章に述べた HMM の逐次的な確率の計算方法（前向きアルゴリズム）を直接適用した場合，複数の異なる単語系列の確率の「和」が後続の HMM 状態に与えられるため，特定の単語系列の確率値を別々に計算することができない．

この場合の対処方法にはいくつかあるが，先行する単語HMMのうち最も高い確率を与える単語HMMの確率を用い，後続するHMMの初期確率を設定する方法が一般的である．この方法は，HMMの確率計算におけるビタビアルゴリズムを，文法状態に対して適用することに相当する．

この方法は，最尤の経路を与える単語のトークンを以降に伝達（トークンパッシング）させることで実現できるが，文レベルで第二候補以下（Nベスト候補）を正確に求められないことに注意されたい．

4. 経路の探索に基づく連続音声認識

図5.5に示されるような，大規模なHMMのネットワークとして表現された文法に則って音声の認識を行う問題は，与えられた音響特徴量系列を最も高い確率で出力する状態系列を同定する問題であり，文の開始状態から終了状態に向かって最適な経路を探索する問題である．この問題を直接解くためには，膨大な数の状態系列に対して確率（尤度）の計算を行う必要がある．しかし，一般に語彙が数千を超えるような大規模連続音声認識では，すべての経路に沿って尤度を計算することは，計算量の面からもメモリ容量の面からも不可能である．そもそも図5.5のようなネットワークをあらかじめすべて展開しておくことも現実的でない．そこで，この探索をいかに効率的に実行するかが，大規模な音声認識において最も重要な要素の一つとなる．

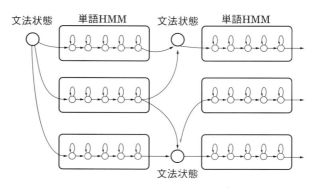

図5.5　HMMを用いた構文ネットワークに基づく音声認識システム

そのため，認識結果に与える影響が少ないと考えられる経路を，尤度計算から除外する．いい換えれば，正しい認識結果に対応すると考えられる経路のみを選択しながら，動的にネットワークを構築し，尤度の計算を行う処理を導入することが不可欠である．このような大語彙連続音声認識における探索処理については，第7章において具体的に説明される．

演習問題

問　図に示すようにネットワーク表現された二つの文法に対し，分岐が確率的に与えられているとする．二つの文法のあいまいさを分岐確率のエントロピーで表現する場合，どちらの文法のあいまいさが大きいか．

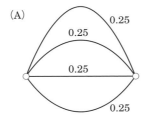
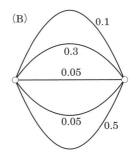

図　ネットワーク文法

第6章

統計的言語モデル

本章では,音響モデルとともに連続音声認識の重要な要素である統計的言語モデルについて解説する.前章では有限状態ネットワークで文法を記述したが,大語彙連続音声認識では,そのような文法を人手で記述することは難しい.そこで,コーパスから自動的にモデルを作成する統計的言語モデルのアプローチが広く用いられている.

■ 6.1 Nグラムによる生成モデル

言語モデルとは,与えられた単語列 $w_1w_2\cdots w_n$ に対して,その出現確率 $P(w_1w_2\cdots w_n)$ を与えるモデルである.これは1章で述べたように,音声認識において重要な役割を果たしている.言語モデルとしてはさまざまなものが考えられているが,現在の主流は,サンプルデータから統計的な手法によって確率推定を行う「**統計的言語モデル**」である.

統計的言語モデルにもさまざまなものがある.その中で,最も単純で,かつ最も広く使われているのが **N グラムモデル**である[1].Nグラムモデルとは,$P(w_1w_2\cdots w_n)$ の推定をする場合に

$$P(w_1w_2\cdots w_n) = \prod_{i=1}^{n} P(w_i|w_{i-N+1}\cdots w_{i-1}) \qquad (6.1)$$

のような近似を行うモデルである．特に，$N=1$のとき**ユニグラム**，$N=2$のとき**バイグラム**，$N=3$のとき**トライグラム**という．Nグラムモデルでは，i番目の単語w_iの生成確率が，直前の$N-1$単語$w_{i-N+1}\cdots w_{i-2}w_{i-1}$だけに依存すると考える．例えばトライグラムを例にとると

ユニグラム：unigram
バイグラム：bigram
トライグラム：trigram

　　　学校/に/行/く

という形態素列の出現確率は

$$P(学校, に, 行, く) = P(学校|<s>, <s>) \times P(に|<s>, 学校)$$
$$\times P(行|学校, に) \times P(く|に, 行)$$
$$\times P(</s>|行, く)$$

と計算される．

ここで，<s>と</s>は，それぞれ文頭と文末を表す特殊記号である．

6.2　Nグラム確率の算出

Nグラム確率の算出は，基本的には**最尤推定法**を使う．単語列$w_{i-2}w_{i-1}w_i$をw_{i-2}^iと書き，その出現回数を$N(w_{i-2}^i)$と書くことにすれば

$$P(w_i|w_{i-2}^{i-1}) = \frac{N(w_{i-2}^i)}{N(w_{i-2}^{i-1})} \tag{6.2}$$

でトライグラム確率が算出できる．すなわち，w_{i-2}^{i-1}の後に実際に出現した単語の確率の総和を1とし，それぞれの単語の出現確率を単語の出現回数に比例させるのである．この単純な方法では，統計の元になったデータ（学習データ）にたまたま出現しなかったトライグラムに対する出現確率が0になってしまう．これを回避するために，確率の平滑化を用いる．

確率の平滑化とは，大きい確率をより小さく，小さい確率をより大きくすることで，確率が0になるのを防ぐ手法の総称である．**バックオフ平滑化**が代表的な手法であり，**線形補間**もよく用いられる．そのほかの手法として，**最大エントロピー法**がある．

平滑化：smoothing

1. バックオフ平滑化

バックオフ平滑化法は，学習データに出現しなかった N グラム確率を，$(N-1)$-gram 確率から推定する方法である．例えば，学習データに出現しなかったトライグラムの確率を求めるには，バイグラム確率を用いる．最尤推定による確率を

$$f(w_i | w_{i-2}^{i-1}) = \frac{N(w_{i-2}^i)}{N(w_{i-2}^{i-1})} \tag{6.3}$$

とするとき，バックオフ平滑化法による確率は次の式で推定される．

$$P(w_i | w_{i-2}^{i-1}) = \begin{cases} \lambda(w_{i-2}^{i-1}) f(w_i | w_{i-2}^{i-1}) & \text{if } N(w_{i-2}^i) > 0 \\ (1 - \lambda_0(w_{i-2}^{i-1})) \alpha P(w_i | w_{i-1}) & \text{else if } N(w_{i-2}^{i-1}) > 0 \\ P(w_i | w_{i-1}) & \text{otherwise} \end{cases} \tag{6.4}$$

式中の λ は**ディスカウント**と呼ばれる係数で，学習データに出現しなかった N グラムに確率を割り当てるために，学習データに出現した N グラムの確率を割引く働きをする．また

$$\lambda_0(w_{i-2}^{i-1}) = \sum_w \lambda(w_{i-2}^{i-1}) f(w | w_{i-2}^{i-1}) \tag{6.5}$$

である．α は，確率の総和を 1 にするための正規化係数で

$$\alpha = \left(1 - \sum_{N(w_{i-2}^i) > 0} P(w_i | w_{i-1}) \right)^{-1} \tag{6.6}$$

である．これを図 6.1 に示す．この図では，学習テキストに出現した単語列の確率の総和を λ_0 として，その中での確率を単語列の出現回数に比例させる．一方，学習テキストに出現しなかった単語列の確率の総和は $1-\lambda_0$ で，その確率はバイグラム確率に比例させている．これを**再配分**という．ここで，すべてのバイグラム確率のうち，「トライグラムも学習テキストに出現した」バイグラムの確率は，すでに「学習テキストに出現したトライグラムの確率」に含まれているので，再配分から除外されている．再配分されるバイグラム確率の総和が $1/\alpha$ である．再配分されるバイグラム確率の中には，学習テキストに出現しなかったバイグラムの確率も含まれるが，これはバックオフによってユニグラム確率から求められる．なお，これらのディスカウントと再配分は，N グラムのコンテキスト（図 6.1 の場合は xy）ごとに計算する必要がある．

再配分：
redistribution

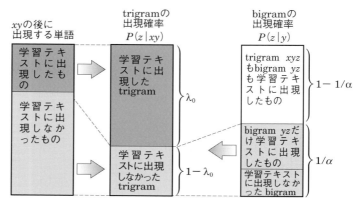

図6.1 バックオフ平滑化

ディスカウントの決定法としては,さまざまなものが提案されている.

(a) グッド・チューリング法

ディスカウントの決め方のうち,代表的なものがKatzによる**グッド・チューリング法**[2]である.例としてトライグラムの場合を考えてみる.このとき,長さ3の単語列のうち,n回出現するものの種類をR_nとする.$N(w_{i-2}^i)=n$とするとき

$$P(w_i|w_{i-2}^{i-1}) = \begin{cases} d_n f(w_i|w_{i-2}^{i-1}) & \text{if } n>0 \\ \beta(w_{i-2}^{i-1})\alpha P(w_i|w_{i-1}) & \text{else if } N(w_{i-2}^{i-1})>0 \\ P(w_i|w_{i-1}) & \text{otherwise} \end{cases}$$

(6.7)

ただし

$$d_n = \frac{(n+1)R_{n+1}}{nR_n} \tag{6.8}$$

$$\beta(w_{i-2}^{i-1}) = 1 - \sum_{N(w_{i-2}^i)>0} P(w_i|w_{i-2}^{i-1}) \tag{6.9}$$

この方法では,n回出現した単語列に対して,d_nという係数をかけている.しかし,nが大きくなってくると最尤推定で十分信頼できるため,nがある頻度kを超える場合(オリジナルでは$k=5$)には単なる最尤推定をしている.すなわち

$$P(w_i|w_{i-2}^{i-1}) = \begin{cases} f(w_i|w_{i-2}^{i-1}) & \text{if } n > k \\ d_n f(w_i|w_{i-2}^{i-1}) & \text{else if } n > 0 \\ \beta(w_{i-2}^{i-1}) \alpha P(w_i|w_{i-1}) & \text{else if } N(w_{i-2}^{i-1}) > 0 \\ P(w_i|w_{i-1}) & \text{otherwise} \end{cases} \quad (6.10)$$

このとき,未知のトライグラムが出現する確率を元の式と同じにするため,d_n の定義を次のように変更している.

$$d_n = \frac{\dfrac{(n+1)R_{n+1}}{nR_n} - \dfrac{(k+1)R_{k+1}}{R_1}}{1 - \dfrac{(k+1)R_{k+1}}{R_1}} \quad (6.11)$$

実際にグッド・チューリング法に従って計算すると,d_n が 1 を超えることがある.CMU-Cambridge SLM Toolkit[3]では,そのような場合に,すべての d_n が 1 以下になるまで k の値を切り下げるという処理をしている.

(b) 絶対法

単語列の生起回数 $N(w_{i-2}^i)$ から一定量を差し引き,それをディスカウントに回す手法である[19].一般的な式は次のようになる.

$$P(w_i|w_{i-2}^{i-1}) = \begin{cases} \dfrac{N(w_{i-2}^i) - \beta}{N(w_{i-2}^{i-1})} & \text{if } N(w_{i-2}^i) > \beta \\ \dfrac{\beta R(w_{i-2}^{i-1})}{N(w_{i-2}^{i-1})} \alpha P(w_i|w_{i-1}) & \text{else if } N(w_{i-2}^{i-1}) > 0 \\ P(w_i|w_{i-1}) & \text{otherwise} \end{cases} \quad (6.12)$$

ここで,$R(w_{i-2}^{i-1})$ は $w_{i-2}w_{i-1}$ の後に出現した単語の種類数である.β は差し引き量であり,$\beta = 1$ とすると,1 回だけ出現した単語列を記憶しなくてもよいという利点がある.そのほかに

$$\beta \simeq \frac{R_1}{R_1 + 2R_2} < 1 \quad (6.13)$$

とする方法もある.

(c) 線形法

最尤推定で求めた確率のうち,一定の割合をディスカウントする手法である[4].このとき,式 (6.4) の λ を

$$\lambda = 1 - \frac{R_1}{N} \tag{6.14}$$

とする．ただし，Nは単語の三つ組みの総出現回数である．これは，グッド・チューリングの式による未知単語列の出現確率推定値である．全体の式としては，次のようになる．

$$P(w_i|w_{i-2}^{i-1}) = \begin{cases} \left(1 - \frac{R_1}{N}\right) f(w_i|w_{i-2}^{i-1}) & \text{if } N(w_{i-2}^i) > 0 \\ \frac{R_1}{N} \alpha P(w_i|w_{i-1}) & \text{else if } N(w_{i-2}^{i-1}) > 0 \\ P(w_i|w_{i-1}) & \text{otherwise} \end{cases} \tag{6.15}$$

(d) ウィッテン・ベル法

ウィッテン・ベル法は，ディスカウントの量を，言語コンテキストの後に発生する単語の種類に比例させる方法である[5]．推定式は

$$P(w_i|w_{i-2}^{i-1}) = \begin{cases} \dfrac{N(w_{i-2}^i)}{N(w_{i-2}^{i-1}) + R(w_{i-2}^{i-1})} & \text{if } N(w_{i-2}^i) > 0 \\ \dfrac{R(w_{i-2}^{i-1})}{N(w_{i-2}^{i-1}) + R(w_{i-2}^{i-1})} \alpha P(w_i|w_{i-1}) & \text{else if } N(w_{i-2}^{i-1}) > 0 \\ P(w_i|w_{i-1}) & \text{otherwise} \end{cases} \tag{6.16}$$

となる．

2. 線形補間

複数の確率を重み付きで平均して全体の確率を推定するのが線形補間である．例えば，確率を線形補間によって求める場合

$$P(w_i|w_{i-2}^{i-1}) = \lambda_3 f(w_i|w_{i-2}^{i-1}) + \lambda_2 f(w_i|w_{i-1}) + \lambda_1 f(w_i) + \lambda_0 \tag{6.17}$$

のようにして求める．ただし

$$\lambda_0 + \lambda_1 + \lambda_2 + \lambda_3 = 1 \quad (\lambda_i \geq 0) \tag{6.18}$$

である．組み合わせる確率は必ずしも単語Nグラムである必要はなく，品詞を用いたNグラムなどのモデルを組み合わせてもよい．

係数λ_iは，学習用のデータとは独立なデータ（ヘルドアウトデータ）を使って，EMアルゴリズムにより求める[6]．一般に，コンテ

キスト h における単語 w の出現確率を推定する M 個のモデルがあったとき，それぞれのモデルで計算した確率を $f_1(w|h), f_2(w|h), \cdots, f_M(w|h)$ とする．このとき，

$$P(w|h) = \sum_{i=1}^{M} \lambda_i f_i(w|h) \tag{6.19}$$

として確率を求める場合，次のようにして λ を推定する．

(a) ヘルドアウトデータを $w_1, w_2, \cdots, w_N$ とする．

(b) λ_i の初期値を $\lambda_i^{(0)}$ とする．また

$$P^{(k)}(w|h) = \sum_{i=1}^{M} \lambda_i^{(k)} f_i(w|h) \tag{6.20}$$

とする．

(c) $\lambda_i^{(k)}$ が求まっているとき，次の推定値 $\lambda_i^{(k+1)}$ を次のように求める．

$$\lambda_i^{(k+1)} \leftarrow \frac{1}{N} \sum_{i=1}^{M} \frac{\lambda_i^{(k)} f_i(w_i|w_1^{i-1})}{P^{(k)}(w_i|w_1^{i-1})} \tag{6.21}$$

(d) λ_i が収束したら終了．そうでない場合は（c）に戻る．

この方法を用いるにはヘルドアウトデータが必要である．しかし，学習に使えるデータが少ない場合には，そこからさらにヘルドアウトデータを分けなければならず，モデルの学習用に用いるデータ量が減ってしまう．そこで，次のようにして λ を求める方法が用いられることがある．これを**削除補間法**という．

(1) 学習データ T を，$T_1, T_2, \cdots, T_K$ に分割する．

(2) $k = 1, 2, \cdots, K$ について，(3)，(4) を実行．

(3) すべての学習データから T_k を除いたデータを用いて，N グラムモデルを学習する．

(4) T_k をヘルドアウトデータとして，λ を推定する．

(5) それぞれの k についての λ の推定値を平均して，全体の λ の推定値とする．

(6) 学習データ全体から N グラムモデルを学習する．

$K = 4$ の場合の学習データとヘルドアウトデータの様子を図 6.2 に示す．

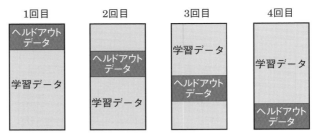

図 6.2　削除補間法

3. 最大エントロピー法

最大エントロピー法[7]に基づく言語モデルは，複数の情報源からの情報を組み合わせる一般的な枠組みである．最大エントロピー法自体は平滑化手法ではないが，複数の確率分布を組み合わせることによって確率の推定値が 0 になるのを防ぐことができる．

最大エントロピー法の枠組みでは，次のような考え方によって確率分布を推定する．

・事象 e_i についての確率 $P(e_i)$ が与えられている．このとき，複数の事象の同時確率

$$P(E) = P(e_{i_1}, e_{i_2}, \cdots) \tag{6.22}$$

を求めたい．

・事象 E に対して，それが事象 e_i を含んでいるかどうかを，制約関数 $f_i(E)$ として表す．制約関数は

$$f_i(E) = \begin{cases} 1 & \text{if } E \text{ が } e_i \text{ を含む} \\ 0 & \text{それ以外} \end{cases} \tag{6.23}$$

・$P(E)$ の e_i についての周辺分布は $P(e_i)$ に等しいとする．

$$\sum_E P(E) f_i(E) = P(e_i) \tag{6.24}$$

・上記の制約を満たす分布の中で，エントロピー

$$-\sum_E P(E) \log P(E) \tag{6.25}$$

が最大の分布を求める．

このような分布は，次に示す Gibbs 分布の形になる．

$$P(E) = \prod_i e^{\lambda_i f_i(E)} \tag{6.26}$$

Nグラムのような言語モデルにこれを応用する場合，事象Eは，単語$w=w_i$と履歴$h=w_1\cdots w_{i-1}$の組合せになる．

$$E = (h, w) = (w_1, \cdots, w_{i-1}, w_i) \tag{6.27}$$

このとき，$P(E) = P(h, w)$はhとwの同時確率であるが，実際に言語モデル確率の計算に用いるのは条件つき確率$P(w|h)$である．そこで

$$P(w|h) = \frac{P(h,w)}{\sum_w P(h,w)} = \frac{1}{Z(h)} \prod_i e^{\lambda_i f_i(h,w)} \tag{6.28}$$

のように計算される．ここで$Z(h) = \sum_w P(h,w)$は正規化係数である．例えば，バイグラムとユニグラムを組み合わせる場合

$$P(w_i|w_{i-1}) = \frac{e^{\lambda_{w_{i-1}w_i}} e^{\lambda_{w_i}}}{Z(w_{i-1})} \tag{6.29}$$

のように表される．ここで，$\lambda_{w_{i-1}w_i}$，λ_{w_i}は推定すべきパラメータである．

GIS：Generalized Iterative Scaling

ここで，λを推定する必要があるが，これには GIS と呼ばれる手法を使う．λを推定するために時間がかかるが，単純なNグラムに限らず，さまざまな制約を組み合わせるのに適している．

■6.3　語彙とカットオフ

これまで述べたように，Nグラム確率の算出の基礎は，単語のN個組の出現回数$N(w_{i-N+1}^i)$を数えることにある．Nグラムの出現回数のデータ（Nグラムカウント）ができたら，そのデータを元にして確率の計算ができる．しかし，一般に，大量のデータから作られるNグラムカウントの種類は膨大である．また，音声認識への利用を考えた場合，数十万単語以上もの語彙を扱うのはあまり実用的とはいえない．そこで，「**語彙の制限**」と「**カットオフ**」を行う．

語彙の制限とは，言語モデルで扱う語彙を一定の数（例えば

20 000)に決めてしまう方法である．この語彙は，一般には出現頻度の高い順に決められる．学習に用いるテキストの中で，この語彙から漏れたものは，「未知語」として扱われる．未知語は，特殊な記号（例えば <UNK> など）に置きかえられる．このようにして作成した N グラムは，20 000 の語彙＋1 個の未知語を含むモデルとなる．

なお，認識システムが認識できる単語の集合（「認識辞書」に登録されている単語）と，ここでいう語彙は必ずしも一致しない．ここでは，認識システムが認識できる語彙を「**認識対象語彙**」，言語モデルの語彙を「**言語モデル語彙**」と呼ぶ．多くのシステムではこれらの語彙は一致するが，例えば後からシステムに単語を登録した場合，その単語は認識対象語彙には含まれるが，言語モデル語彙に追加することは難しい．これらの語彙の関係を図 6.3 に示す．実際の音声認識においては，「どちらの語彙にも含まれる単語」「認識対象語彙にのみ含まれる単語」「どちらの語彙にも含まれない単語」の 3 種類の単語が入力されることになる．認識対象語彙にのみ含まれる単語は，単に未知語記号（<UNK>）として扱われることが多い．

このように語彙を制限しても，なおすべての N グラムカウントを保持するには大量のメモリを必要とする．そこで，モデルを小さくしてメモリ消費を抑える目的で，**カットオフ**と呼ばれる操作を行う．これは，出現頻度の少ない N グラムカウントを保持しないようにするものである．例えば，$N(w_{i-2}^i)=1$ の N グラムカウントはすべて削除し，保持しないようにする．このとき，$P(w_i|w_{i-2}^{i-1})$ を求める際には，バックオフにより確率を計算する．カットオフの閾値を K とすると，N グラム確率は以下のように算出される．

$$P(w_i|w_{i-2}^{i-1}) = \begin{cases} \lambda(w_{i-2}^i) f(w_i|w_{i-2}^{i-1}) & \text{if } N(w_{i-2}^i) > K \\ (1-\lambda_0(w_{i-2}^{i-1})) \alpha P(w_i|w_{i-1}) & \text{else if } N(w_{i-2}^i) > 0 \\ P(w_i|w_{i-1}) & \text{otherwise} \end{cases}$$

(6.30)

これは一種の近似手法であるが，トライグラムカウントについてはかなりの部分を削減しても単語認識率にはほとんど影響しない[8]．$N(w_{i-2}^i)=1$ のトライグラムカウント（singleton）をカットオフするだけでも，モデルの大きさは半分程度になる．

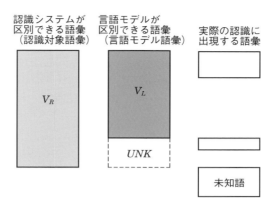

図 6.3　各種の語彙の関係

*例えば，カットオフしても確率の値にあまり影響が出ないものだけカットオフするなど．

　単純に出現回数でカットオフをするのではなく，さまざまな情報を利用する*ことで，より効率よく言語モデルのサイズを縮小することができる．

6.4　Nグラムモデルの発展

1. クラスNグラムモデル

　単語の連鎖を直接モデル化する単語Nグラムモデルでは，推定するパラメータ数が多く，頻度の小さい単語の確率の推定の信頼性が低くなる．そこで，単語をクラス化してモデル化するクラスNグラムモデルが考えられる．バイグラムの場合は以下のような定式化になる．

$$p(w_i|w_{i-1}) = p(w_i|c_i) * p(c_i|c_{i-1}) \tag{6.31}$$

　ここで，c_iは単語w_iの属するクラスであるが，すべての単語を必ずしもクラス化する必要はない．また，$p(w_i|c_i)$はクラス内で単語w_iが生起する確率で，これもコーパスから最尤推定により求められる．

　クラスの定義は人手による場合と自動クラスタリングによる場合がある．人手による場合は，人名や色の名前など先験的に与える．これは前章で述べた記述文法のカテゴリに対応づけることもでき

る．特に人名や地名などの固有名詞は，コーパス中ではすべて出現することは考えにくい反面，名簿などで確実に網羅できる場合もあるので，クラス化するメリットは大きい．また，（人事異動などに伴う）後での変更・追加も容易になる．一方，駅名における「東京」や「京都」のようによく出現するエントリの確率も $p(w_i|c_i)$ によって反映させる．

一方，自動クラスタリングは，パープレキシティ（次節参照）を最小化する基準などで行われ，純粋な最適化と捉えられるが，上記のような実用的な利点はない．

クラス N グラムは，特定のタスク・ドメインの対話システム構築のように，大規模なコーパスを収集するのが困難な場合に特に効果がある．

2. N グラムモデルの混合

大規模なコーパスを収集するのが困難な場合に，一般的に用いられるもう一つの手法は，N グラムモデルの混合である．これは，話題やスタイルで類似性があると思われる既存の大規模コーパス（複数）から得られるモデルを線形補間するもので，基本的には6.2節2項で述べた式（6.19）の枠組みを用いる．重みの推定は，当該タスク・ドメインのコーパスのヘルドアウトデータ，あるいは削除補間法を用いて，そのパープレキシティ（次節参照）を最小化するように推定する．

この実現には，式（6.19）のように確率を混合する場合と，元コーパス自体を混合する場合がある．確率を混合する場合のほうが重み係数を細かく調整できるが，語彙がある程度整合している必要があり，またバックオフ平滑化などが適切に行えない．一方，コーパス自体を混合する場合は安定した確率推定が行えるが，元コーパス自体に（権利的にも）アクセスできる必要がある．

6.5 言語モデルの評価

作成した言語モデルのよさは，最終的には認識システムにどの程

度貢献したかによって測られる．具体的には，例えば連続音声認識システムに組み込んだ場合に，単語正解精度がどの程度よくなったかといった尺度で測られる．しかし，連続音声認識システムの性能にはさまざまな要素が影響するし，単語正解精度のよしあしが本当に言語モデルのよさを反映したものかどうかは，かなり大がかりなテストを行わなければ検証できない．そこで，もっと手軽に言語モデル単体の評価をするために，よく使われている尺度が**単語パープレキシティ**である．

1. 単語パープレキシティ

単語パープレキシティは，ある単語1個が出現する確率の相乗平均の逆数で定義される．すなわち

$$PP = (P(w_1 w_2 \cdots w_n))^{-\frac{1}{n}} \tag{6.32}$$

実際には，対数確率の相加平均を取って計算することが多い．

$$\log_2 PP = -\frac{1}{n} \log_2 P(w_1 w_2 \cdots w_n) \tag{6.33}$$

このときの $w_1 w_2 \cdots w_n$ として，学習に使ったテキストとは別なテキストを用いる．このようにして算出したものをテストセットパープレキシティという．

パープレキシティが低いということは，実際に出現する文（テストセット）の出現確率が高く，認識したい文とそうでない文を峻別する能力が高いということになる*．

＊確率はすべての場合について加えれば1になるから，認識したい文の出現確率が高いということは，認識したくない文の出現確率が低いということと同じになる．

ただし，パープレキシティによる評価が必ずしも単語認識率に結びつかないこともある．その理由は，パープレキシティには「単語の長さ」や「ほかの単語との混同しやすさ」などの「単語自体のまちがいやすさ」という基準が含まれていないためである．

2. 補正パープレキシティ

パープレキシティによる評価は，語彙サイズの影響を強く受ける．一般に，語彙サイズが少ないほど一つの単語に割りあてられる確率は大きくなるから，パープレキシティは低下する．しかし，認識システムの語彙（認識対象語彙）が一定の場合，言語モデルの語

彙を減らしていけば，認識対象の中での未知語が増えるので，言語的制約は弱くなる．極端な場合，言語モデルの語彙を1個（すなわち，すべての単語が未知語）にしてしまうと，言語モデルを使わないのと全く同じ状況になるが，パープレキシティの値は1になる．

このように，語彙の影響まで考慮に入れる場合は，パープレキシティの補正が必要になる．言語モデル語彙のサイズを V_L，認識対象語彙のサイズを V_R として（$V_L < V_R$），未知語の出現確率を

$$P'(\text{<UNK>} | w_{i-2}^{i-1}) = \frac{P(\text{<UNK>} | w_{i-2}^{i-1})}{V_R - V_L} \tag{6.34}$$

とする．認識対象語彙の中で，言語モデルの語彙にない単語が $V_R - V_L$ 種類あるので，未知語の確率をその値で割る．これにより，認識対象語彙の集合を ν_R とするとき

$$\sum_{w \in \nu_R} P'(w | w_{i-2}^{i-1}) = 1 \tag{6.35}$$

が保証される．

以上のように，認識対象語彙が明確である場合には，確率の補正を行うことで，語彙の影響を考慮に入れた評価が可能になる．しかし，言語モデルの部分を独立に開発する場合には，必ずしも常に認識対象語彙が決まっているとは限らない．そこで，このような場合に

$$認識対象語彙 = \begin{pmatrix} 言語モデル \\ の語彙 \end{pmatrix} \cup \begin{pmatrix} 評価テキストに \\ 出現した語彙 \end{pmatrix}$$

として確率の補正を行う方法が提案されている[9]．このような補正を行って算出したパープレキシティを補正パープレキシティと呼ぶ．評価テキスト中に出現した未知語の数を o，種類を m とすると

補正パープレキシティ：adjusted perplexity

$$\log_2 APP = -\frac{1}{n} \log_2 P(w_1 \cdots w_n) + o \log_2 m \tag{6.36}$$

によって補正パープレキシティが計算できるので，計算中に確率の補正をしなくとも，評価テキスト中に出現した未知語の数と種類を数えることで，補正パープレキシティを求めることができる．

6.6 ニューラルネットワークによる言語モデル

音声認識における言語モデルとして従来は，N単語列の頻度に基づくNグラムモデルが一般的に用いられてきたが，履歴長Nをあまり大きくできない（通常は$N=3$）という問題があった．これに対して近年，中間層の出力を次の入力にフィードバックさせるリカレント・ニューラルネットワーク（RNN）を用いたモデルの導入が進められている[10,11]．これを図6.4に示す．最近では，単純なRNNの代わりに，LSTM（4.4節）などが導入されている．

入力単語のIDを符号化する際に，1ノードに1単語を割り当てると効率が悪いので，少ないノードによる数値データに射影する層を別途用意する．このように単語を数値ベクトルで分散表現する射影はword embeddingと呼ばれ，この写像もニューラルネットワークにより学習され，結果的に言語的に類似な単語が近い数値を有するようになる．同様の考え方で（履歴から次の単語を予測するのではなく），現在の単語から隣接する単語をすべて予測するように分散表現を学習したものがword2vec[12]と呼ばれ，自然言語処理のさまざまな応用に展開されている．

一方，ニューラルネットワークの中間層はこれと履歴を符号化したものと捉えられ，Nグラムモデルと比べて非常に長い履歴を考慮することができる．また，予測誤差を最小化するニューラルネットワークの学習により，単純な頻度に基づく最尤推定よりも高い精度のモデルが期待できる．ただし，Nグラムモデルの方が低頻度語のスムージングが効果的に行えることもあり，Nグラムモデルと併用・線形補間する場合が多い．リアルタイムの認識に組み込むのは容易でないが，従来のNグラムモデルで生成したNベスト候補に対してリスコアリングする枠組みで概ね5〜10％程度誤り率の改善が得られることが報告されている．

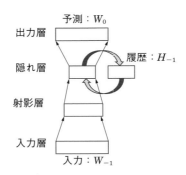

図 6.4　リカレント・ニューラルネットワーク（RNN）

6.7　言語モデルの作成

　大語彙連続音声認識システム用の認識用辞書と言語モデルを構築するときには，さまざまな段階で，日本語の（とくに書き言葉の）特徴が原因となる問題が生じる．

　そこで，最初に，そのような原因となる日本語テキストの特徴をまとめておく．

- **文が単語に分割されていない．**
- **漢字，かな（ひらがな，カタカナ），ローマ字などさまざまな字種が混ぜて使われる．**
- **統一された単語の単位がない．**
- **活用語がある．**
- **連濁や音便などがある．**
- **書き言葉と話し言葉でスタイルが大きく異なる．**

1. 構築手順

　実際に大語彙連続音声認識用の言語モデルを構築するためには，以下のような手順が必要になる（利用する学習テキストや形態素解析システムの種類によって必要のない処理は細字で示した）．

- **言語モデル学習用の材料を用意する．**
- テキストを整形する．

- 文中の不要部分の削除.
- 文に分割する.
- **形態素解析**
- 形態素解析の後処理(表記の統一,読みの修正)
- **学習データ中に出現する単語とその頻度を調べる.**
- **高頻度語彙を構築する.**
- **高頻度語彙を用いて,語彙を制限した言語モデルを構築する.**
- **認識用辞書を構築する.**

以下,これらの手順について説明する.

2. 言語モデル学習用材料

言語モデルを学習するためには,データが大量に必要であるため,電子化されたテキストを集める必要がある.しかし,認識の対象となるタスク・ドメインに合致したコーパスは大規模にあるとは限らないので一般には,学習用のデータの大部分に,既存の大規模コーパスを利用して線形補間(6.2節参照)することになる.認識の対象のタスク・ドメインに近いデータが多いほど,性能のよい言語モデルが学習できることが期待できる.

3. テキストの整形

次のステップで利用する形態素解析システムの制限があるため,なるべく余分な記号がなく,文単位のデータに整形する必要がある.電子化テキストでも,例えば,電子メールやネットニュースでは,単語の途中に改行や行揃えのための空白が挿入されていたりする.また,HTML文書やLaTeXやTeXの文書は,さまざまなタグを含んでいる.そのため,タグの機能に応じてこれらのタグ自体やタグではさまれた部分を除去する必要がある.

4. 不要部分の削除

新聞記事などの書き言葉のテキスト中には,声に出して読むことが難しいさまざまな表現も含まれる.音声認識用の言語モデルを学習するためには,それらの表現を除去する必要がある[13].

(a) 文章でない記事や段落の排除

例えば，新聞データには，記事や段落自体が文章でないものがある．記事や段落自体が文章でないものとしては，人事情報，株式市況などの表，俳句/川柳/和歌の欄，料理欄の材料一覧，スポーツの結果，アンケート結果などがある．

これらの段落の多くに共通な特徴として，段落全体に1つも句点「．」が含まれないことがあげられる．そこで，これらの段落を機械的に判別する手法として，句点のない段落を排除する方法が考えられる．

◇総合商社大手6社の1994年9月中間連結決算
　　　　　　　売上高
三菱商事　　　86 682　（1.2）
三井物産　　　84 247　（▼4.8）

図 6.5　文章でない段落の例

(b) 括　弧

括弧で囲まれた部分には読まなければ意味が通じないもの（引用句や強調の括弧）から，読むと自然な流れを妨げるものまでさまざまな用法がある．ある新聞における括弧の用法は以下のとおりに分類できる．

(1) 引用句 —— 読む
　　例：「野球はダサく，サッカーはナウい」と映る．
(2) 強調 —— 読む
　　例：今回の調査による「親しみ度」の逆転は，これを明確に示した．
(3) リストのラベルの代名詞表現 —— 読む
　　例：同社のカード利用者の大半は契約の際に(1)は了解済み．
(4) リストのラベル —— 読んでも読まなくてもよい
　　例：一方，政治家は(1)政治家19％(2)企業経営者17％——の順で，自らの役割を高く評価した．
(5) 段落などの見出し —— （文章と一緒には）読まない

例：《作り方》(1) ミズナは長さ3センチに切る.
(6) 補充要素 —— 読まない方が自然
例：一日午前零時，世界最大の砂時計＝写真＝が始動.

個々の括弧の用法を，表6.1に示す（○の箇所は，その用法があることを示す）.

表6.1 括弧の用法

	「」	()	[]	" "	『』	<>	《》	[]
(1)	○				○			
(2)	○			○	○	○	○	
(3)		○						
(4)		○						
(5)			○			○	○	○
(6)		○				○		

表6.1には掲載していないが，新聞では括弧でない記号「＝」が補充要素を示す括弧的な役割として多用される（上記の (6) の例文参照）．ただし「＝」は通常の括弧と違って表現の開始と終了が明示的ではないうえ，開始だけ「＝」で示して，終了は「，」または「．」で示す用法もあるため，自動判別できる範囲が狭い．

削除すべき表現と削除すべきでない表現の両方の用法を持つ括弧が，（ ），＜＞，《 》である．このうち，（ ）については，表現の前後の形態素を考慮することで，用法を判別する手法が提案されている[14]．また，＜＞，《 》のうち，見出しの用法とそれ以外は，テキスト中の位置と直後の空白の有無で判別することができる．

これらの自動判別法により，読まない表現である見出しと補充要素を排除する．

(c) 注視記号

○●★などの記号は，空白などの字下げ表現と併用して段落の見出しを構成する．図6.6の例文では，「◇高齢化社会をよくする女性の会講演会」の部分がそれに当る．

空白は句点とともに用いて段落内の文の区切りになるので，空白の前が句点の場合には，文の可能性もある．段落の見出しを構成する場合は見出し全体を削除し，単なる区切りや開始を示す場合には，記号のみを削除する．

(d) 処理例

毎日新聞1993年のある記事から不要部分を取り除いた例を図6.6に示す．この記事では，段落ラベルや補充要素が排除されている．

> ◇高齢化社会をよくする女性の会講演会　12日(火)午後1時半—4時，東京都千代田区神田駿河台3の9，三井海上火災保険本社ビル1階大会議室(JR御茶ノ水駅，地下鉄新御茶ノ水，淡路町，小川町駅下車)．スウェーデン研究で同国から北極星勲章を受けた岡沢憲芙早大教授が「ほんとうの『生活大国』スウェーデン事情」をテーマに講演する．問い合わせは同会(03・3356・3564)へ．

図6.6　不要部分の削除例（網掛は削除される部分を示す）

5. 文への分割

認識の対象が文でない場合には，この処理は特に必要ない．日本語では文の区切りは，一般に句点「．」で示す．句点と同様な場面でも用いられる記号に，「？」「！」や「」」があるが，常に句点と等価ではないことに注意しなければならない．また，句点であっても，例えば

首相の答えは「ああ，暖かいね．町村会の方が真ん中に行かせてくれたからね」と意味不明．

の引用句中での句点は文の区切りではない．

6. 形態素解析

形態素解析によって，不要部分を取り去ったコーパスを形態素単位に分割する．以後の説明では，形態素と「語」を同じ意味で使う．

図6.6を形態素解析した例（一部）を図6.7に示す．解析結果は，表記，読み，原形，品詞番号の四つ組からなる．

12	イチニ	12	19/0/0
日	ニチ	日	33/0/0
午後	ゴゴ	午後	16/0/0
1	イチ	1	19/0/0
時半	ジハン	時半	33/0/0
─	{─/カラ/タイ/ヒク}─		73/0/0
4	ヨン	4	19/0/0
時	ジ	時	33/0/0
，	，	，	75/0/0
東京	トーキョー	東京	11/0/0
都	ト	都	28/0/0
千代田	チヨダ	千代田	11/0/0
区	ク	区	28/0/0

図 6.7　形態素解析結果の例

　形態素には，「日本」(「ニホン」「ニッポン」) や「貴い」(「トートイ」「タットイ」) のように読みが複数存在するものがある．これらについては，複数の読みを出力できるようにしておかないと，出力できない読みは，システムで扱えないことになる．

　形態素解析システムでは，解析誤りを避けるために，複合語や連語を大きな単位で登録することが多い．また，例外的なパターンだけ大きな単位で登録することも多く，解析結果の語の単位の基準はさまざまに変動する (上記の例では，例えば，「一時半」の「時半」が全体で数字に続く接尾辞として解析されていたり，「同国」や「会議室」が一語として解析されている)．

　また，形態素解析システムも完璧ではないため，解析誤りがある．典型的な誤りとしては，以下の3パターンがある．

- **区切りの誤り**　|法政|大工|学部|
（ホウセイ＋ダイク＋ガクブ）
- **未知語の誤り**　|操縦|か|んが|利か|なく|
(「かん」がシステム辞書に登録されていないため，「んが」という未知語を検出し|か|んが|という誤った区切りになってい

- **接続規則がない誤り**　|不|定形|な|痕跡|
 (「な」が未知語になっている．「不定形」が形容動詞語幹になるという規則がないため）

あまり出現しない表現に関する解析誤りは無視できるが，よく出現する表現については，解析誤りにより不適切な語が高頻度語彙に含まれることもありえる．

形態素解析の誤りのパターンを抽出できれば，元の形態素解析システムよりも長い文脈などを考慮することによって，これらの誤りをある程度正しく修正することも可能である．しかし，形態素解析システムに安易に語を登録すると，注目している表現は修正できても，思わぬ表現で誤りが生じる副作用を起こすこともあるので注意しなければならない．

7　形態素解析の後処理

形態素解析では，テキストの表記のうえで形態素を分割する処理のみを対象としている場合が多く，単独の形態素で解決できない読みの問題には対処できないことも多い．そのような場合には，形態素解析の結果の読みを修正しなければならなくなる．

(a) 数詞・助数詞の読み変化

一般の形態素解析システムでは，数字表現は全体で一つの形態素となる．そのままだと，アラビア数字と漢数字が同じ数を表現していても，別の語となってしまう．また，数を一つの形態素とすると，数の種類だけ語が増えてしまうため，無数に形態素の種類が増えることになる．さらに，数字表現の読みは，後接する助数詞によって変化する．

そこで，数字表現の読みを決定し，単位と表記を正規化することが必要となる．音声認識システムで用いることを考えると，読みが一意に決まる程度の単位に分割し，その細かい単位を組み合わせて数字表現を構成できる単位に正規化するのが望ましい．

新聞に現われる数字表現の分類を以下に示す．
(1) 欧米式位取り表現 〈1〉　368,000
(2) 日本式位取り表現 〈1〉　36万8000

(3) 日本式位取り表現〈2〉　三十六万八千
(4) 数字のみの表現　368000，36・33，36．33
(5) 欧米式位取り表現〈2〉　368千
(6) 時間　10分36秒26
(7) 数の併記　3・3・7拍子，13・14・15日
(8) 電話番号　03・1111・2222

　このうち，(1)から(4)までは，ごく普通に位取りしながら読む．数字を位取りして読む場合には，「兆億万」の4桁単位でまず大きく区切られる．区切られた4桁内では，「|ゴセン|ハッピャク|キュウジュウ|ロク|」と桁ごとに位取りして読む．

　したがって，どの形式も，「|三十|六|万|八千|」という形に分割して表記を揃える．また，小数点以下に関しては，「|サンジュウ|ロク|テン|サン|サン|」と1桁ごとに分けて読むので，「|三十|六|・|三|三|」のような形に分割して表記を揃える．

　時間の表現に関しては，単位ごとに区切り位取りしながら読む．ただし，秒以下に関しては，小数点以下の読み方と同様に区切って読む．

　併記に関しては，区切り記号で区切ったあと，それぞれの部分を位取りしながら読めばよい．区切り記号は読まない．

　電話番号に関しては，1桁ごとに区切って読む．区切り記号は，「ノ」と読んでもよいし，読まなくてもよい．

　この処理をした結果を図6.8に示す．

十	ジュー	十	19/0/0
二	ニ	二	19/0/0
日	ニチ	日	33/0/0
午後	ゴゴ	午後	16/0/0
一	イチ	一	19/0/0
時半	ジハン	時半	33/0/0
―	{―/カラ/タイ/ヒク}―		73/0/0
四	ヨン	四	19/0/0
時	ジ	時	33/0/0

図6.8　読みを修正し数字の区切りの単位と表記を正規化した結果

数詞の読み方は，後接する助数詞によって変化する．例えば，「一」は，「日」が後接するときには「イチ」と読むが，「本」が後接するときには，「イッ」と読む．

また，数詞と助数詞の組合せによっては，助数詞の先頭の読み方が変化する場合がある．「一本」「二本」「三本」の場合には，「本」の読みは，「ポン」「ホン」「ボン」と変化する．

さらに特定の数詞と助数詞の組合せによっては，複数の読みが可能なものもある．例えば，「八本」は，「ハチホン」とも「ハッポン」とも読む．それらについては，数詞と助数詞を分けて併記してしまうと，「ハチ」と「ポン」，「ハッ」と「ホン」の組合せが存在しないことを表現できないため，このような場合は正規化するときに「八本」を区切らない．

(b) 形態素の読み修正

数詞以外に読みが変化する形態素として「々」や「々々」がある．これらは，前接する形態素によって読みが変わるため，独立した形態素として解析された場合は，前接する形態素の読みに応じて読みを付与する必要がある．このとき，読みによっては連濁させる必要のあるものがある．例えば，「神々」が「神」「々」と解析された場合には，「々」に「ガミ」という読みを付与する．

活用語の語幹の読みが変化する語については，読みが正しく付与されない．例えば，「長い」という形容詞に「ございます」が後接すると「長うございます」となる．この解析結果は，図6.9のようになる．

長う	ナガー	長い	48/42/9
ござい	ゴザイ	ござる	70/19/7
ます	マス	ます	70/51/2

図6.9 活用語の語幹の読みが変化する語の解析結果の例

この場合には，「長」の部分の読みを「ナゴ」に変更する必要がある．

また，「言う」という動詞の語幹の読みは，「言わない」などのときは「イ」と読むが，「言う」のときは「ユ」と読む．この場合も

活用形に合わせて読みを修正する必要がある．

(c) 表記の統一

日本語は，「1989年」と「一九八九年」のように意味が同じでも表記が異なる表現が非常によく使われる．これらを別々にカウントしてしまうと，語彙の被覆率が低下することになる．また，異種のデータを混ぜて使う場合には，文書によって，「蓋然」が「がい然」になったりすることに注意しなければならない．形態素解析システムによっては，「蓋然」は一語で認識できても，「がい然」は一語として認識できない場合もあり，こういう場合はそもそも統一することすら困難である．

8. 出現頻度の計量

日本語では，動詞や形容詞などの活用語は活用してさまざまな表層表現になる．したがって，形態素解析結果の表層表現に基づいて登録すると，「歩く」は認識語彙に含まれるのに「歩かない」は含まれないという問題も生じる．語彙に含まれるなら，どのような活用形も扱えるようにしたい場合には，原形が同じものはすべて含むなどの処置を行う必要がある．

また，逆に認識の効率のことを考えると，同じ読みの語が別々の語として扱われると認識処理中の負担が大きくなるので，読みが同じ語は認識用のエントリとしては同一に扱うという考え方もある．この場合は，読みが同じものは統一して扱うなどの処置が必要になる．

語の計量基準の代表的なものとしては，以下の三つの方法がある．

- **表層表現が同じなら同一とみなす**

  「行った」（イッータ，オコナッタ）を同一とみなす

- **原形（標準形）が同じなら同一とみなす**

  「行った」「行く」（イッータ，イーク）を同一とみなす

- **読みが同じなら同一とみなす**

  「けん銃」「拳銃」を同一とみなす

計量基準が変わると，活用語については，「歩く」は語彙に含まれるのに「歩か（ない）」は含まれないといったことも起こりうる．

9. 認識用辞書の構築

例えば,高頻度の上位20 000語などを音声認識システムの語彙と定めて,それを元に,認識用辞書や制限語彙のNグラム言語モデルを構築する.

高頻度語彙のエントリには読みが付与されているので,それを利用して認識用の辞書を構築する.読みを併記したエントリは,認識用の辞書のエントリとしては別々のエントリとなる.そのため,認識用の辞書のエントリ数は,高頻度語彙のエントリ数よりも多くなる*.高頻度語に含まれる記号のうち,「%」のように読みがある記号は,通常の単語と同様に認識用辞書のエントリとするが,句読点のように読みがない記号については,「,」「.」「?」のみを無音の音韻モデルに対応させ,それ以外の記号のエントリは削除する.

音声認識用辞書の例を図6.10に示す.認識用辞書は,言語モデル用エントリ,認識結果用表記,音素系列からなる.なお,言語モデル用エントリは前述の四つ組みであるが,表記と原形が同じ場合には省略し,各要素を+で結合した形で表している.音素系列は読みを認識システムの音素体系に変換したものである.また品詞番号のうち冗長な0は削除している.

*例えば,高頻度語彙のエントリ数が20 000のときに,21 300程度となった.

```
日弁連+ニチベンレン+9         [日弁連]   nichibeNreN
日没+ニチボツ+2              [日没]    nichibotsu
日本+{ニホン/ニッポン}+12       [日本]    nihoN
日本+{ニホン/ニッポン}+12       [日本]    niqpoN
```

図6.10 音声認識用辞書のエントリの例

演習問題

問1 6種類の単語だけからなる単語列のユニグラム確率の推定について考える.100単語と10単語からなる二つの独立なデータを用意し,それぞれの中での単語の出現頻度を数えたら,表のようになった.

表

単語	データA	データB
w_1	17	1
w_2	8	2
w_3	21	2
w_4	17	3
w_5	26	2
w_6	11	0

このとき，データAを学習テキスト，データBを評価テキストとして，次のモデルのテストセットパープレキシティを求めよ．
　（1）データAから最尤推定を用いてユニグラム確率を推定した場合．
　（2）最尤推定による確率を $P_{ML}(w)$ とするとき，単語の種類を V として

$$P(w) = \lambda P_{ML}(w) + (1-\lambda)\frac{1}{V}$$

により確率を推定する場合．ただし $\lambda = 0.2$，0.5，0.8 の3種類とする．また $V=6$ である（ちなみに，第2項の $1/V$ は，すべての単語が一様に出現する場合の確率であり，ゼログラム確率と呼ばれることがある）．

問2 グッド・チューリング法は，次に示す「チューリングの推定式」に基づいている．チューリングの推定式では，n 回出現した m 個組み $w_1 \cdots w_m$ の出現確率を

$$P_n = P(w_1 \cdots w_m) = \frac{n^*}{N}$$

$$n^* = (n+1)\frac{R_{n+1}}{R_n}$$

のように推定する．ただし，N はすべての m 個組の出現頻度，R_n は n 回出現した m 個組の種類を表す．このとき，0回出現した m 個組の出現確率の総和

$$R_0 P_0 = \sum_{N(w_1 \cdots w_N)=0} P(w_1 \cdots w_m) = 1 - \sum_{N(w_1 \cdots w_N)>0} P(w_1 \cdots w_m)$$

が，1回出現した m 個組の出現確率の最尤推定値の総和 R_1/N に等しいことを証明せよ．

問3 新聞記事など，実世界のテキストを形態素解析する場合に出現すると思われる未定義語の例をあげよ．

第7章
大語彙連続音声認識アルゴリズム

認識アルゴリズムは，HMMなどの音響モデルとNグラムなどの言語モデルを組み合わせて，実際に入力音声を処理するもので，認識システムにおいてエンジンの役割を果たす．本章では，大語彙連続音声認識のための探索アルゴリズムの種々の方式，および認識時の各モデルの実装と適用について説明し，典型的なアルゴリズムについて紹介する．

7.1 問題とアプローチ

数万以上の語彙を扱う大語彙連続音声認識においては，その可能な仮説数・探索空間は膨大なため，1章で述べたように，音響モデルと言語モデルが真に統合された認識機構が不可欠であり，複数の階層のモデルを組み合わせる場合も多い[1]．

使用する音響モデルや言語モデルは膨大な数のパラメータから構成される．

音響モデルについては，前後の音素環境の要因が最も大きいことから音素環境依存モデルが用いられ，話者やそのほかの要因は，GMM–HMMでは混合分布によりモデル化される．その結果，モデル数もしくは状態数で数千以上，ガウス分布数で数万以上となる．

言語モデルについては，大規模で一般的な文法を記述するのは事

実上不可能であるので，N単語連鎖（Nグラム）モデルが用いられる．原理的には，バイグラムは語彙サイズの2乗，トライグラムは語彙サイズの3乗の組合せが考えられるので，数万語彙の場合，それらの数は膨大になる．実際には，頻度が少ない組については削除して，$N-1$グラムで近似するのであるが，それでもバイグラムとトライグラムでそれぞれ数百万のエントリが生成される．

削除：カットオフ (cut-off)
近似：バックオフ (back-off)

このような大規模な音響モデルと言語モデルを，どのように効果的かつ効率的に利用して，最適な解を見つけるかが問題である．これは探索問題として定式化できる[2,3]．

大語彙連続音声認識を膨大な探索空間における探索として考えると，その基本は，枝刈りと近似である．すべての仮説を評価することができないために枝刈りが必要であり，評価するにしてもすべてに厳密に計算することが困難であるために近似が必要となる．すなわちデコーディングは，(1)近似，(2)評価値計算，(3)枝刈りの過程の繰返しであるといえる．

ここでは，枝刈りを有望でない仮説を評価の対象としない，あるいは今後の展開の対象としないようにする操作の総称とする[*1]．

*1 記述文法を使用する場合と異なり，Nグラムでは原理的に単語を確定的に予測することはできない．

評価値の計算において，先読みの長さが深いほど，また計算に用いる近似・モデルの精度が高いほど正しい枝刈りが行えるが，それには当然計算コストを要するので，トレードオフを考える必要がある[*2]．

*2 チェスや将棋の場合も同様である．

一般に，先読みが深いほど評価値の精度が高くなる．実時間性を優先するならば先読みを深くすることはできないが，先読みを行ったほうが候補が絞られるために，全体としての処理時間が短くなる傾向がある．すなわち先読みは，認識精度と処理速度の両方の向上に貢献する．この効果は，語彙が大きくなり，探索空間が大きくなるほど顕著になる．

■ 7.2 探索アルゴリズム

ここでは，大語彙連続音声認識における探索アルゴリズムを種々の観点から分類する[4]．

1. パス（入力走査回数）

入力の走査回数の観点から分類を行う．これは，先読みをどの程度行うかということと密接に関連している．

(a) 1 パス[5]

1 パス：one-pass

最初から，高精度な音響モデルと制約の強い言語モデルを適用することによって，統合的な1回の処理を行う．先読みを行わない代わりに，部分仮説の現時点までの評価値の精度を高くすることにより枝刈りを行うアプローチである．

バイグラムでは直前の単語のみを考慮すればよいが，トライグラムでは2単語履歴を考慮する必要があるので，実装が複雑になる．結果として，処理時間も長くなりかねない．

(b) マルチパス[6,7]

ある程度の精度の音響モデル・言語モデルを用いて入力（ポーズまで）を完全に処理して，この中間結果を基に，次の段階の探索における探索空間を限定すると共に，先読み情報として利用する．入力の走査を複数回行うが，徐々に精度の高いモデルを使用する．深い先読みを行うことにより枝刈りを行うアプローチである．

先読み情報：
heuristics（ヒューリスティック）

一般に，音響モデルの精度を優先して，最初から音素環境依存モデルを使用するが，単語間の結合に関しては処理が煩雑になるため最初は考慮しない場合もある．言語モデルは，やはり処理の簡便性からバイグラムを最初に用いて，徐々に制約の強い高次のモデルを適用する．

(c) ファーストマッチ[8,9]

ファーストマッチ：
fast match

縮退した音響モデルの情報（各音素1状態のHMMなど）を使用して，1音素分に相当する数フレームを照合する．これにより，辞書中から音響的に有望な候補を絞り込むこと（予備選択）ができる．特に音素境界が絞れれば，照合するノードを大幅に減らすことができる．精度も深さも限られた簡易な先読みによる評価値に基づいて枝刈りを行う，高速性を重視したアプローチである．

単語単位に展開する探索では，1単語分の先読みを行って，言語モデルのスコアも加算しながら，候補を限定することができる．特に高頻度単語から優先的に照合を行いながら，しきい値を更新していくことにより，高速な処理が可能となる．

2. 同期（入力走査単位）

入力の走査単位の観点から分類を行う．

フレーム同期：
frame synchro-
nous

(a) フレーム同期

時間フレームに同期して探索を進める．HMM のトレリス上の探索と等価である．HMM のビタビスコアなどに基づく評価値をそのまま比較できるので，アルゴリズムの設計や実装が容易である．ただし，1 フレームごとの情報に基づいて枝刈りを行うので，安定した照合を行えず，局所的な変動の影響を受けやすい．

(b) 単語/音素単位

単語あるいは音素単位に探索を進める．単語の木の上の探索と等価である．異なる長さの仮説間の比較を行う必要があるが，安定した照合を行ったうえで枝刈りを行うことができる．ビームサーチのほかに，最良優先のスタックデコーディングサーチも実現できる．

エンベロープサー
チ：envelope
search

(c) エンベロープサーチ[10]

上記のフレーム同期サーチと単語同期サーチの特徴を融合したものである．仮説の選択はフレーム同期に行うが，展開（トレリス計算）は単語単位に行う．先に展開された仮説のスコアに基づいて，枝刈りのしきい値（＝エンベロープ）を設定・更新する．各フレームごとにスタックと動的なしきい値を用意する．

3. 仮説展開順序

探索の際の仮説の展開順序の観点から分類を行う．

ビームサーチ：
beam search

(a) ビームサーチ

仮説の長さに同期して，一定の幅（＝ビーム幅）だけ仮説を展開していく．入力フレームに同期する場合は，ビタビスコアを直接比較できる．単語などに同期する場合に，最良優先探索に比べて，処理量が一定の探索を実現する．

最良優先探索：
best-first search

(b) 最良優先探索

現時点で最も評価値が高い仮説から展開していく．長さの異なる仮説を比較できるような評価値を定義することが必要である．そのために，未探索部分をヒューリスティックに評価して加えることになるが，探索の性能はこの精度に依存する．ヒューリスティックがよい場合は効率よく探索が進行するが，そうでない場合は仮説展開

が幅優先的になり，探索に失敗する（解が得られない）場合もある．

なお，最適解が保証される A*探索となるためには，このヒューリスティックが真の値より良い（楽観的である）ことが必要である．しかし，多くのマルチパス探索やファーストマッチによる先読みでは，最初に精度の低いモデルを適用するので，この条件を満たさない．例えば，単語バイグラムよりも単語トライグラムの方が高いスコアを与えることができるし，単語間に音素環境依存モデルを適用する方がしない場合よりほぼ確実に高いスコアを与える．最良優先探索を実装する際には，この点を考慮して，複数の候補を出力してから，それらをスコアでソートし直す必要がある．

(c) ビーム幅つき最良優先探索

上記の最良優先探索とビームサーチの中間として，基本的に最良優先に探索を進めながら，各長さごとに仮説数の上限（ビーム幅）を設定して，強制的に探索を進行させていく方式が考えられる[11]．

さらに，すでに展開した仮説のスコアに基づいて，各フレームごとに枝刈りのしきい値を設定することにより効率化できる．

4. 枝刈りの基準

一般に，以下の基準で枝刈りおよびビーム幅の設定を行う．両者を併用することも多い．

(a) 仮説数

各仮説長（フレームあるいは単語数）ごとに仮説数の上限を設定する．仮説のソートが必要であるが，処理量が一定となり，実時間処理に適している．

(b) スコア

最尤の仮説からのスコアの差に基づいて設定する．入力とのマッチングがよいと効率がよく，難しいと多くの仮説を保持する．仮説数が変動するため，探索は不安定になる．

5. 単語履歴の管理（仮説のマージ）

調音結合などにより，単語のスコアや境界はそれ以前の単語の影響を受けるので，単語履歴ごとに候補を求めるべきであるが，そうすると仮説数が膨大になるので，何らかの近似を仮定して仮説の

マージを行う．この履歴の管理，すなわち仮説のマージの方法の観点から分類を行う．

(a) 最尤近似

最尤近似：one-best approximation

最尤解のみを考えるのであれば，最尤の直前単語からのビタビ経路のみを計算していけばよい．これは，履歴に依存しない0次近似といえる．この場合は，Nベスト候補を正しく求めたり，単語グラフを正しく作成することができない．

なお，大語彙連続音声認識では，単語辞書を木構造化するのが一般的であるが，その場合は，単語終端に達しないと単語が同定できないので，不完全（楽観的）な言語モデル確率を用いたまま最尤経路選択（マージ）を行うことになり，Nベストだけでなく最尤の候補の探索にも影響を与える（図7.1参照）．また，単語間で音素環境依存モデルを扱う際にも，誤ったモデルを適用する場合が生じる．

(b) 単語対近似

単語対近似：word-pair approximation

調音結合の影響の大半は隣接単語間であると仮定して，直前の単語ごとに仮説を分ける．2単語以前の影響は無視して仮説をマージするので，一次近似といえる．Nベスト候補を求めたり[12]，単語グラフを作成する際に[13]，一般に採用される．また，バイグラム言語モデルや単語間音素環境依存モデルとの整合性もよい．

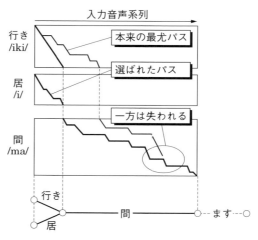

図7.1　最尤近似による仮説マージ

木構造化辞書を用いる場合には，単語履歴ごとに木を動的に生成する必要がある[5]．

(c) 文単位

文単位：sentence-dependent

近似をしないで，すべての単語履歴を考慮して仮説を管理する．通常，スタックデコーダで実現する．仮説数が膨大になるので，ある程度候補を絞ってから実行するのが一般的である．

最尤近似と単語対近似の中間として，上位 k 個の履歴を考慮する方法（k-best 近似）も考えられる．

7.3 各モデルの実装と適用

大語彙連続音声認識においては，各モデルを効率よく実装・適用することが必要となる．以下に，その標準的な要素技術を述べる．

1. 単語辞書の木構造化

N グラム言語モデルの最も単純な実装は，確率有限状態オートマトンとみなして，静的な単語ネットワークを構成する方法である．この場合，単語間の遷移に言語モデルの確率を付与する（図 7.2 参照）．バイグラムを使用する場合，ネットワークのノード（HMMの状態数）は，語彙サイズに対してほぼ線形に増加する．また，単語間のアーク（遷移数）は語彙サイズの理論的には 2 乗であるが，実際にはコーパスから推定された数になる．トライグラムの場合はさらに増大する．

単語辞書に関しては，プレフィックスを共有する木構造化を行うことにより，状態数を削減できる（図 7.3 参照）．特に語頭において，ビームが同一の音素列の仮説で占められることを防ぐ効果がある．この効果は，語彙サイズが大きくなるにつれて顕著になり，大語彙連続音声認識では不可欠となる．しかし，木構造化辞書においては，単語の終端（＝木の葉ノード）の方に達しないと単語を同定できないので，N グラムの確率を静的に埋め込むことはできない．そこで，単語の終端に達するごとに N グラムの確率を動的に加え

木構造化辞書：tree-structured lexicon

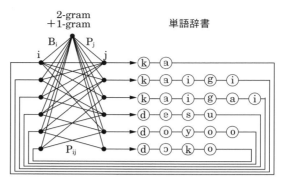

図 7.2 単語辞書と N グラムの有限オートマン

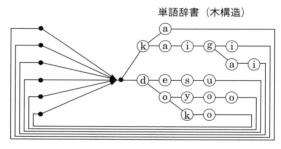

図 7.3 木構造化単語辞書

る.ただし,直前の単語(履歴)をいちいちトレースバックすることなく同定できるように,最尤経路を与える直前の単語(履歴)の情報を伝播(コピー)しておく必要がある.なお,始終端を特定したい際には,単語境界のフレームの情報もコピーする.

　木構造化辞書と N グラムの実装に関しては,あくまでも静的な木を1つ用意しておいて,すべてのノードにバックポインタ(単語履歴)をコピーする方法と,単語履歴ごとに木のビーム内の部分を動的に生成する方法とがある[5].ただし単語対近似(Nベスト探索・単語グラフ作成)を導入する場合には,直前の単語ごとに仮説の木を分離する.木を共有する(最尤近似)と,次節で述べるように不完全(楽観的)な言語モデル確率を用いたまま最尤経路選択(マージ)を行うことになるので,N ベストだけでなく最尤の候補の探索にも影響を与える(図 7.1 参照).

2. 言語モデル確率の分解

木構造化辞書とNグラムを単純に組み合わせると，単語の終端に到達するまで，言語モデルの確率が与えられないことになる．言語的制約が適用されるタイミングが遅れると，枝刈りの際の評価値に反映されないために，最適な解が単語の途中でビーム幅からあふれる可能性がある．語彙サイズが大きくなるにつれて，この問題は顕在化する．

*LM factoring：
因数分解の意．

そこで，言語モデルの確率を分解*して，木の途中のノードにも割り振るようにする．基本的には，プレフィックスを共有する単語に対するNグラム確率の最大値を割り振り，累積値を順に精算していく（図7.4参照）[5, 6]．

この際に，バイグラム確率を分解する方法とユニグラム確率を分解する方法が考えられる．ユニグラム確率の方は言語モデルの制約がかなり弱くなるが，単語辞書を読み込んで木構造化辞書を構築する際に，事前に静的にすべてのノードの確率値を求めておくことができる．これに対して，バイグラム確率の分解には多くの計算量あるいは記憶量を要するが，特に日本語の形態素のように短い語彙エントリが多い場合には，バイグラムの制約を早期に適用することが必要であると考えられる．この実装においては，探索時に動的に前

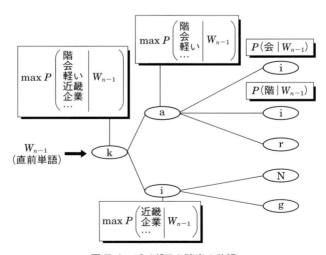

図7.4　バイグラム確率の分解

のノードで与えた値を差し引く方法と，単語履歴ごとに木を生成する際に木の全ノードの値を計算する方法がある．

単語間の音素環境依存性：
cross-word context dependency

3. 単語間の音素環境依存性の扱い

一般に，単語終端では，次単語が未知であるために次の音素を同定できず，音素環境依存の音響モデルを直接適用することができない．

厳密な方法は，すべての可能な音素環境に関して仮説を分離して，個別に確率を計算し，次単語の時点で適切な仮説と接続することであるが，仮説管理が複雑になりオーバヘッドが大きい．そのためとりあえず，可能な音素環境依存モデルの確率の最大値や平均値で近似したり，トライフォンの代わりにバイフォンやモノフォンで代用しておいて，次単語がある程度絞れた後に厳密な再評価をすることが多い．

特にマルチパス探索においては，最初のパスで単語間の音素環境依存性を考慮せずに，リスコアリングの段階で適用することが多い．ただしこれは後の段階で高い音響スコアを与えることになるので，A*探索の適格性を著しく損ない，探索を不安定にする要因となる．これに対して，可能な音素環境依存モデルの最尤値で近似しておくと，計算量は増大するが，A*適格性を満たす[11]．

単語始端の音素環境依存性の扱いは，単語履歴の管理方法に依存する．単語対近似を採用していれば正しい音素環境依存モデルで計算できるが，最尤近似の場合は，最尤履歴以外からの経路に対して誤ったモデルを適用することになる．

4. 言語モデル確率の重み

1章で説明した情報理論に基づく定式化であるベイズ則に従うと，各仮説の評価値の計算は，言語モデルの確率と音響モデルの確率を単純にかけ合わせることになるが，実際には，言語モデルの確率値の分布が，音響モデル，特に連続分布 HMM の確率値の分布に比べてかなり狭いため，言語モデルの確率に1より大きい重みを乗じることが効果的であることが知られている．

言語モデル重み：
LM weight

この言語モデル重みの設定に際しては，バイグラムよりトライグ

ラムの方が言語的な予測精度が高いことから,バイグラムを用いるときよりトライグラムを用いるときの方が重みを大きくする.また2パスサーチにおいては,第一パスで候補が絞られていることから,第二パスの方が大きい重みを用いる.

5. 単語挿入ペナルティ

言語モデルの確率にもかかわらず,局所的なマッチングの連続により,多数の短い単語からなる系列の方がスコアが高くなり,短い単語の挿入誤りが生じる場合がある.こうした挿入誤りを防ぐ*ために,単語が遷移するごとに一定の負の値を加えることが効果的であることが知られている.

この挿入ペナルティの値は,前項の言語モデルの重みと関連がある.すなわち,言語モデル重みを大きくするほど単語が挿入されにくくなるので,ペナルティの値は小さくする必要がある.

*accuracy では correctness に対して挿入誤りを追加計数する. correctness より accuracy を優先することが多い.

挿入ペナルティ:insertion penalty

7.4 マルチパス探索

マルチパス探索では,各パスにおいて異なった探索アルゴリズムを採用することができる.例えば,第一パスではフレーム同期サーチ(トレリス探索)を行い,第二パスでは単語同期のスタックデコーディングサーチ(木探索)を用いる方式などが考えられる[14].また,各パスにおいて異なった音響モデル・言語モデルを使用することができる.さらに,各パス間のインタフェース(中間表現)にも種々の方法が考えられる.それらについて考察する.

1. 音響モデル

音響モデルの分類としては,精度の低い順に,ファーストマッチ用モデル,音素環境独立(モノフォン)モデル,バイフォン,トライフォンなどの音素環境依存モデルとなる.音素環境依存モデルに関しては,単語内のみを考えるか,単語間も考慮するかという問題がある.

通常は認識精度を優先して,最初から音素環境依存モデルを用い

る．最初にモデルの精度を落とすと誤りを回復できない．ただし，単語間の結合に関しては処理が煩雑になるため，後の段階で再評価を行うことが多い．セグメントモデルなどの計算量が大きなモデルも，後の段階で適用する．

2. 言語モデル

統計的言語モデルの分類としては，制約の弱い順に，語彙のみ（文法なし），ユニグラム，バイグラム，トライグラムなどとなる．トライグラムより高次のNグラムも用いられる．

実装のしやすさと，ユニグラムとバイグラムの差が特に大きいことから，最初のパスではバイグラムを利用することが最も多い．高次のNグラムや単語共起モデルなどの長距離のモデルは，後の段階での再評価で適用するのが一般的である．

記述文法を使用する場合も，単語（実際には文法の終端カテゴリで定義されるカテゴリ）間の接続が可能であるか否かの制約（単語カテゴリ対制約）を抽出し，まずこれを適用すると効率的なマルチパス探索が可能になる．これは，バイグラムの2値化版と捉えられる．

3. 中間表現（インタフェース）

各パス間のインタフェースとして，以下のような中間表現の形式が考えられる．これらを，図7.5～7.8に図示する．

(a) Nベスト単語列[12]

単語列（文）のNベスト候補を受け渡す．単語間の音素環境依存モデルやトライグラムによる再評価の実装が容易である．第二パスで探索機構が不要であり，一般的な自然言語処理技術との親和性が高い．入力（文長）が長い場合，かなり多数の候補を求めても，1単語のみ異なる類似候補しか得られないので，結果として効率が悪くなる．

(b) 単語コンフュージョンネットワーク[15]

Nベスト単語列を一つの系列に対応づけたうえで，異なる単語候補の分岐のみを表したグラフとみなすことができる．ただし，実際にはNベスト単語列から生成するとバリエーションに乏しいので，

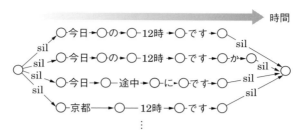

図 7.5　Nベスト単語列インタフェース

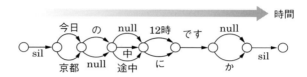

図 7.6　単語コンフュージョンネットワーク

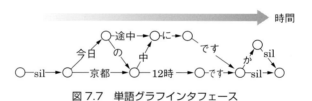

図 7.7　単語グラフインタフェース

次の単語グラフをまとめることで生成するのが一般的である．

(c) 単語グラフ（単語ラティス）[6, 13]

単語のスコアと始端・終端の集合を求める．そのグラフをたどることにより，結果として多数の N ベスト候補が求められるので，効率のよい表現といえる．単語のスコアや境界は，それ以前の単語の影響を受けるので，単語履歴ごとに異なった候補を求めるべきであるが，そうすると候補が膨大となるので，直前の単語のみに依存させる単語対近似[12]を仮定することが多い．

(d) 単語トレリス[14, 16, 17]

単語ごとのスコアや区間を決定的に求めるのではなく，単語の終端の状態のトレリス（＝スコアと対応する始端）を保存する．次の

パスにおいてもトレリス接続の計算が必要になるが，より高精度なモデルを用いた仮説の正確な再評価ができる．精度が高い表現である．そのままでは単語の絞り込みが直接的に行えないので，ビームに残ったノードを逆引きできるようにする必要がある．

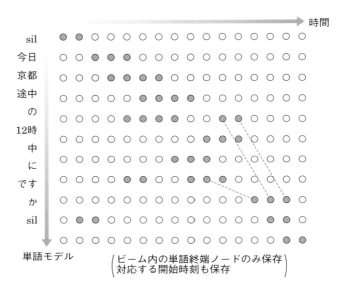

図 7.8　単語トレリスインタフェース

　単語トレリスと単語グラフのいずれを用いるかは，第一パスの計算において，最尤近似を仮定するか，単語対近似を用いるかとも関係する．単語対近似を利用して，直前の単語ごとに異なったビタビ経路を求めていれば，その単語境界のみを残す単語グラフで十分であるし，最尤近似によるビタビ計算であれば，直前の最尤単語との境界のみを残すのは危険であり，単語終端状態がビームに残った範囲すべて（単語トレリスのインデックス）を残すのが適当である．
　なお，第二パスで，音素環境依存モデルの単語間の適用を含めて，第一パスと異なる音響モデルを適用する場合は，マッチング長がずれることを考慮する必要がある．

7.5 重み付き有限状態トランスデューサ（WFST）

前節までで大語彙連続音声認識アルゴリズムの様々な技術について説明してきたが，ヒューリスティックな要素が多く，その結果として多数のパラメータが存在し，そのチューニングには経験的な側面も多い．

WFST：Weighted Finite-State Transducer

これに対して近年，**重み付き有限状態トランスデューサ**（WFST）に基づく音声認識デコーダが用いられるようになっている．これは，最も単純に，探索空間を原理的にすべて展開したうえで，1パスで処理を行うもので，枝刈り（ビーム幅）だけを制御すればよい．もちろん N グラムモデルを単純に展開すると膨大になるが，理論的に強固な方法で最適化を行う．それでもかなりの記憶容量が必要となるが，計算機性能の進展により現実的に実装・利用できるようになった．

1. WFSTの基本操作

FSTは有限状態オートマトン（FSA）に出力記号を追加したもので，WFSTはさらに重みを付与したものである．すなわち，有限個の状態から構成され，入力に対して状態を遷移し，出力記号と重みを生成する．この例を図7.9に示す．ここで重みについて，ビタビアルゴリズムによる対数尤度計算と整合させるために，半環の性質を満たすものと仮定する．このとき WFST デコーダは，与えられた入力 X に対して，X を受理する累積重み（負の対数尤度）が最小になる経路を探索し，その経路による出力記号列を生成するものである．

WFSTでは以下の最適化を，以下の順番で行う．

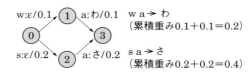

図7.9　WFSTの例

(a) 決定化(det)

非決定性の遷移をなくし,入力に対して可能な遷移が高々1つになるようにする.これはネットワークにおける分岐(アーク数)を少なくすることに対応する.

(b) 重みプッシュ

経路上の早い段階でできるだけ重みの計算が行えるようにする.これは,7.3節2項で述べた言語モデル確率の分解に対応し,モデルの制約を早期に適用し,枝刈りを効率的に行えるようにするものである.

(c) 最小化(min)

有限状態オートマトンの最小化を適用し,ノード数を減らす.

また,複数のWFSTを合成することもできる.これにより,複数のWFSTを逐次的に適用する場合と同じ結果が得られるが,統合的に1パスで処理が実現できる.例えば,M1とM2を合成したWFSTをM1○M2と表記する.この例を図7.10に示す.

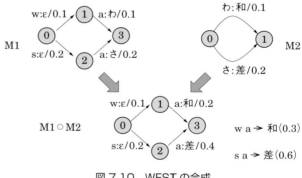

図7.10 WFSTの合成

7.5 重み付き有限状態トランスデューサ（WFST）

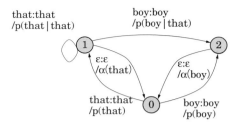

バイグラムは，"that boy"と"that that"のみ存在
αはバックオフ

図 7.11　WFST による言語モデル

▍2．WFST による音声認識

音声認識に必要な以下の要素を WFST で表現する．

- G：N グラム言語モデル
  単語系列に対して対数尤度を与える（入力系列と出力系列は同じ）．バックオフを考慮して構成する（図 7.11 参照）．
- L：単語辞書
  音素系列から単語系列に変換する．
- C：トライフォンリスト
  トライフォンのエントリを音素列に変換する（H と L のインタフェース）．隣接するトライフォンの整合性の制約も与える．
- H：音素モデル（HMM）
  状態系列をトライフォン系列に変換する．

このとき，探索空間のネットワークは，H∘C∘L∘G で定義されるが，以下のように合成・最適化される．

$$\min(\det(H \circ (C \circ \det(L \circ G))))$$

これにトライフォンの各状態の尤度（GMM または DNN で計算される）を加えることで，認識処理が行われる．

ただし，語彙サイズや言語モデルが大きくなると，ネットワークが巨大になり，必要なメモリ量も膨大になるので，上記のすべてをあらかじめ合成するのではなく，部分的に合成しておいて，残りは認識処理中に必要な部分を動的に合成する方法（on-the-fly 合成）

が用いられる[18]．例えば，言語モデル G としてユニグラムまでを上記の枠組みで合成し，その結果に対して高次の N グラムモデルを適用する．これは，最初に木構造化辞書で探索を行うマルチパス探索に相当する．

演習問題

問1　認識アルゴリズムのよさを評価する尺度について述べよ．

問2　1パスと2パスの処理のそれぞれの長所・短所をまとめよ．

問3　ビーム幅，および言語モデル重みと単語挿入ペナルティの値を決定する要因について述べよ．

問4　以下のアプリケーションにおいて認識プログラムに求められる要件について述べ，各々に適した認識アルゴリズムについて論じよ．
(a) 携帯端末におけるディクテーションソフト
(b) 講演のリアルタイム字幕付与
(c) 講演録音の（オフライン）自動書起し

第8章

音声コーパス

これまでの章で述べたように，現在の音声認識技術は統計モデルにその基盤を置いており，音響モデルには大量の音声データ，言語モデルには大量のテキストデータが必要不可欠である．本章では音声認識システムの研究・開発に必要なデータベースの構成・構築方法および代表的なコーパスを紹介する．

■8.1 音声/言語コーパスとは

音声コーパス：
speech corpus

テキストコーパス：
text corpus

ブラウンコーパス：
Brown University Standard Corpus of Present-Day American English

音声コーパスとは，さまざまな研究機関において共通に利用可能な大量の音声データのことである．対象がテキストであれば，テキストコーパスと呼ぶ．

欧米において辞書編纂や人文学研究のために集めた資料をコーパスと呼んでいた．最も代表的であり，かつ先駆的なテキストコーパスはブラウンコーパス[1]である．これは米国英語の調査を目的として開発された．1961年の米国における出版物を対象とし，出版比率を考慮し，さらに乱数を用いてテキストの抽出を行っている．このような思想を受けて，母集団を定め，それを忠実に再現するような標本化をしない限り，**コーパス**と呼ぶべきではないという考え方もある．しかしながら，最近では，何らかの目的をもって体系的にテキストや音声を収集したものをコーパスと呼ぶことが一般的であ

る．

　コーパスに対して，音声学的情報を付与することを**ラベル付け**と呼ぶ．同様に，言語学的情報を付与することを**タグ付け**と呼ぶ．そして，ラベルやタグが付与された集まりを**データベース**と呼ぶことがある．しかしながら，本書では，データベースとコーパスを特に区別なく用いることにする．

　音声/言語コーパスを共有化することの意義は，主に次の二つである．

（1）研究開発上の資源として

　共有化によって，一つの研究開発機関では集められない規模の多種多様な音声/言語コーパスを利用することができるようになる．

（2）客観的な性能評価を可能とするために

　共通の音声/言語データを用いた結果の比較によりさまざまな手法の優劣を客観的に評価できる．外部から入手できない音声データを用いて非常に高い認識率を示したとしても，単にそのデータが非常に認識が容易なものであることを示すのみで，その手法やシステムの有効性を示すとは限らない．

■8.2　音声/言語コーパスの構成

▍1．音声コーパス

　音声認識システムにおいては，音声コーパスを主に音響モデルの学習に利用するが，音声認識システムの目的や研究内容によって要求されるデータの仕様はさまざまである．本節では，音声コーパスの構成・種別について項目ごとに簡単に解説する．

　（a）発話単位

　音響モデルは，認識単位として音素や音節のサブワードモデルを取る場合が多い．音素や音節の音は，前後の音素や音節によってさまざまに変化するため，多様な文脈における音声データを学習に使用する必要がある．このため，単語，文などの単位で収録することが一般的である．

(b) 朗読/自発的音声

テキストを読み上げる場合と，テキストがない状態で自発的に発声された音声は特徴が大きく異なる．音声認識システムを利用する場面を考えると，テキストを読み上げる場合は少ないため，自発的な音声が望ましいが，大量のデータに対して書き起こしを作成するのが困難である．このため，読み上げられた音声（朗読音声）を収録したものが多い．

(c) 発話内容・テキスト

音響モデルを学習することを考えると，発話内容に関してなんらかの制限を行ったほうが効率がよい．例えば，目的とする音響モデルの単位（音素や音節）や組合せがまんべんなく出現していれば，どの単位も偏りなしによいモデルを学習できる．音素に関してこのように設計された単語または文の集合を**音素バランス単語**，あるいは**音素バランス文**と呼ぶ．

(d) 収録環境

音声の特徴そのものを研究する場合は，できるだけ雑音の少ない防音室や無響室で収録された音声の方が好ましい．しかし，このような環境で収録するにはコストがかかり，また実際のシステムを運用する場合は，背景に雑音がある場合が多いので，スタジオ，オフィスなどの実環境に近い音声の方が望ましいとも考えられる．また，電話による自動応答システムを構築するには，実際の電話回線を通った音声が必要である．

(e) ラベル

音響モデルを学習するには，音声データがどの言葉に対応するかの情報が必要である．対応の単位にはさまざまなものがある．大まかなものだと，一つの収録単位（単語や文）に対して，一つのテキストを対応づける．細かな対応を取ったものでは，音声データの各部分に対して，音素や音節を対応させた音声データベースもある．このように，音声データに対して音素などの記号を対応づけることをラベル付けと呼ぶ．

(f) 話者

実際に音声を発声してもらう話者の選択にも注意が必要である．例えば，男性話者だけからなる音声データベースで女性もカバーす

る不特定話者の音響モデルを作成することは困難である．音声に影響のある話者の要因としては，性別，年齢，出身地（方言），職業（アナウンサー／一般人）などがある．音声の基本音響モデルを作成するには，話者に関しても母集団を代表するように設計するべきであるが，収録コストからこれまで困難であった．ATR では大規模な話者数からなる「日本全域多数話者音声データベース」が開発された[2]．日本の各地方，各都市において，日本の人口の分布におおまかに対応した話者数の音声を収録しており，合計約四千名もの話者数からなる．話者の出身地に関しては，全国 47 都道府県をすべてカバーしている．また，年齢的にも 14 歳から 65 歳まで広く分布している．

なお，音声データベースに関する解説としては文献 3-7) がある．

2. テキストコーパスと辞書

これまで，主に人文系の言語研究，工学系の自然言語処理研究のためにさまざまなテキストコーパスが構築されている．これらのコーパスは，ディクテーションシステムの統計的言語モデルを学習するためや，そのほかの音声処理システムを構築するために利用できる．以下，テキストコーパスを大まかに分類し，代表的なものを紹介する．

(a) プレーンテキスト

生のテキストデータを集めたものである．代表的なものとしてブラウンコーパスがある．英語などの分かち書きされる言語では，それだけでも単語の頻度や生起確率を求めることができる．日本においては，いくつかの新聞社から出ている新聞記事テキストコーパスが利用されることが多い．日本語の統計的言語モデルを学習するためには，次で述べるような単語分割，品詞タグと読みタグが付与されたテキストコーパスが不可欠である．しかし，最近の形態素解析システムの性能は十分に高いものであるため，文だけから成るプレーンテキストさえあれば，必要な情報を自動的に生成できる．

(b) タグ付きコーパス

プレーンテキストでは大まかな統計量を求めることはできるが，精度は必ずしも十分に保証されない．そこでコーパスにタグ情報

(品詞)を付与することが望まれる．日本語の場合は分かち書きしたうえでタグ情報(品詞)を付与する必要がある．

(c) 構文解析木構造をもつコーパス

構文解析木つきのコーパスである．代表例としてペン・ツリーバンク[8]があげられる．

ペン・ツリーバンク：Penn Treebank

(d) パラレルコーパス

対訳となっているプレーンテキストの集まりである．英仏対訳となっているカナダ国会議事録のハンザードコーパスが有名である．

ハンザードコーパス：Hansard corpus

(e) 格構造などの詳細な分析済みコーパス

日本語と英語のような構造の異なる言語間の機械翻訳や，自然言語理解の研究を進めるためには，タグ情報や構文解析木だけでは不十分なことが多い．そこで，格構造や述語項構造などの詳細な分析が行われているコーパスが望まれる．

(f) 語彙・辞書・シソーラス

さらに分析を進めて，辞書データを作り，それを共有化することもある．見出し語とその読みと品詞を集めた語彙目録ないし単語・形態素一覧表としたり，語が複数の意味を持つ場合の語義の説明やその格パターンを集めた辞書にしたり，類語とその用例を集めたシソーラスにしたりする．

語彙目録：lexicon

辞書：dictionary

シソーラス：thesaurus

■8.3 音声コーパスの現状

本節では，音声コーパスに関して，現状と関連組織について述べる．

■1. 米国の現状

米国では技術の進歩に合わせて，必要な音声データベースがDARPA(国防先端研究計画院)やNIST(米国国立標準技術研究所)の援助を中心に次々と構築・公開された．

DARPA：Defense Advanced Research Projects Agency

NIST：National Institute of Standards and Technology

TIMITコーパスは初期音声コーパスの代表的なもので，主として音声の音響的特徴と音韻的特徴との関係を探る基礎研究や音声認識の音響モデルの研究用に構築された．音声データを収集したのは

テキサス・インスツルメンツ（TI）社であり，MITが精密なセグメンテーションと音素記号のラベルづけを行っている．

RMコーパスは海軍の資源管理をタスクとする文の読み上げ音声コーパスである．初期の連続音声認識研究用コーパスの代表例である．

ATISコーパスは航空機による旅客サービスをタスクとした対話形式の音声コーパスである．音声言語理解の研究に大きく貢献した．

WSJ/NABは北米のビジネスニュース誌の記事の読み上げ文音声コーパスである．ウォール・ストリート・ジャーナルのテキストコーパスがACL/DCIによって整備され，大規模な言語モデル学習用として利用可能となったことから，まずこれが認識タスクとして採用された．1994年からは対象を北米ビジネスニュース数誌（NAB）に拡張している．

SWITCHBOARDは，全米各地の話者による自発的な電話（対話）音声を収録している音声コーパスで，話者認識や話し言葉音声認識の研究用として使用されている．コーパスの特徴は，ロボットオペレータを利用して，初対面の対話者と話題（約20種類）が選択され，収録が自動的に行われていることである．

CALLHOMEは，親しい人どうしの話し言葉音声認識研究用に構築されたコーパスで，多言語の電話会話音声を収録している．

2000年代に，大規模な話し言葉音声認識のための音響モデル開発を指向した2 000時間規模のFisherコーパスが構築された．これはSWITCHBOARDを踏襲しているが，より多くの話者・多数の話題が含まれるように工夫されている．

ニュース放送（ラジオとテレビ）を自動的に書き起こす音声認識研究も盛んであり，大量の音声コーパスがLDCから公開されている．英語に加えて，中国語，アラビア語などのニュース放送音声のコーパスが公開されている．

2. 日本の現状

日本では，大学を中心とする活動として，文部省の重点領域研究による音声データベースがある．重点領域研究「音声言語」による連続音声コーパス，重点領域研究「日本語音声」による方言音声

RM：Resource Management

ATIS：Air Travel Information Systems

WSJ：Wall Street Journal（ウォール・ストリート・ジャーナル）

ACL/DCI：Association for Computational Linguistics（計算言語学会）/Data Collection Initiative

NAB：North American Business news

コーパス，重点領域研究「音声対話」による音声対話コーパスがある．

企業を中心とする活動としては，日本電子工業振興協会による日本語共通音声データベースと騒音データベースがある．

大学，国立研究所，企業などにわたる幅広い活動としては，日本音響学会音声データベース調査研究委員会の活動がある．

研究プロジェクトで収集した音声データなどを公開したものとしては，ATR の音声・言語データベースや，電子技術総合研究所の音声データベースなどがある．

2000 年代に入って，国立国語研究所を中心として，『日本語話し言葉コーパス』（CSJ）と『現代日本語書き言葉均衡コーパス』（BCCWJ）が構築され，最近の音声認識や自然言語処理の研究の基盤として利用されている．

3. 関連組織

音声コーパスの関連組織として，収集・配布，標準化に関する検討を行う機関がある．

LDC：Linguistic Data Consortium

＊ARPA と DARPA は同一組織であるが，年代によって呼び名が変わる．

米国では 1992 年 6 月に LDC（言語データコンソーシアム）が設立されている．この組織は ARPA* からの初期資金と会員の会費によって運営されている．本節 1 項で紹介した TIMIT，RM，ATIS，WSJ/NAB などの音声コーパスは LDC を通して配布（販売）されている．

```
https://www.ldc.upenn.edu
```

ELRA：European Language Resources Association

ELRA（ヨーロッパ言語資源協会）は，ヨーロッパにおける音声言語関係のリソースの作成，配布などを促進することを目的として 1995 年に設立された．ELRA は LDC のヨーロッパ版ともいえるもので，LDC をはじめとする関連組織と連携をとって業務を遂行している．

```
http://www.elra.info
```

音声データベースは，読み上げたテキスト，読み上げ音声，編集作業などのさまざまなレベルでの著作権がからむため，たとえ研究

利用に限っても契約の範囲が不透明であったり，手続きが面倒になりがちである．欧米においては，LDC および ELRA が主体となって積極的にこの障壁を取り払う努力が行われている．日本では，国立情報学研究所（NII）に設立された音声資源コンソーシアムでこのような取り組みが行われている．本節 2 項で紹介した日本のコーパスの大半はここを通して入手できるようになっている．

> http://research.nii.ac.jp/src/

8.4 日本の代表的な音声コーパス

JNAS：Japanese Newspaper Article Sentences

1. 新聞記事読上げ音声データベース（JNAS）

日本音響学会音声データベース調査研究委員会と情報処理学会・音声言語情報処理研究会（SIG-SLP）大語彙連続音声認識研究用データベースワーキンググループ[9]によって，日本語の大語彙連続音声認識研究を目的として構築された[10,11]．

① **読上げ用テキスト**：大量の読上げテキストを一から作成するのは困難であるため，ある程度まとまった量の電子化テキストが存在する新聞記事を読み上げ対象としている．また，共通に利用可能な研究基盤を構築・整備する必要があったため，利用許諾権の観点から最も適切であった毎日新聞の記事文が選ばれた．

読上げ文の選定は SIG-SLP 大語彙連続音声認識研究用データベースワーキンググループによって行われた．最終的に，語彙サイズ，文長，文の複雑さの三つのパラメータを考慮して選択された 90 文を含む約 100 文が 150 セット，三つの記事から成る約 100〜150 文が 5 セット，計 155 セットの読上げ用テキストが準備された．読上げ用テキストを選択する段階で読みの付与・修正も同時に行われた[12]．また，話者適応化あるいは音素モデルの構築用に，ATR 音素バランス 503 文も利用している．

② **音声収録機関・話者**：音声収録に協力した機関は大学・国立

研究所・企業など，合わせて39機関である．各機関は男女各2〜5名（男女同数，合計4〜10名）の音声収録を行い，最終的に収録されている話者数は男女各153名，計306名である．各話者は新聞記事文1セット（約100文）と，ATR音素バランス文の1サブセット（約50文）の計約150文を読み上げている．

③ **音声データ**：収録環境は防音室，あるいは静かなオフィスで，各発話は二つのマイクで収録された．一つはヘッドセットマイク（すべての収録機関で同等のマイク）であり，もう一つは卓上型マイク（収録機関により異なる）である．これらの二つのマイクで収録されたデータは別々のファイルとして納められている．各音声は，標本化周波数16 kHz，量子化16 bitでサンプリングされている．また，各データには音声データ長などの情報をヘッダとして付与し，損失なしの圧縮法によって約半分のデータ量に圧縮されている．

④ **転記テキスト**：読み上げられた新聞記事文に対して，形態素の区切り情報を含む片仮名，ローマ字，漢字かな混じりテキストが用意されている．これらのテキストは，読上げ用テキストとして作成されたままのものと，実際の音声に合うように各サイトのチェック結果をもとに修正されているものの2種類がある．

```
http://research.nii.ac.jp/src/JNAS.html
```

CSJ：Corpus of Spontaneous Japanese

2.『日本語話し言葉コーパス』（CSJ）[13]

日本語の自発音声を大量に集めて多くのラベル・タグ情報を付加した話し言葉研究用のコーパスであり，国立国語研究所・情報通信研究機構（旧通信総合研究所）・東京工業大学により共同開発された．

主に学会講演987件と模擬講演1715件の独話音声から構成され，合計約661時間の音声が収録されている．学会講演は，理工学・人文・社会の三領域におよぶ種々の学会における研究発表のライブ録音である．講演時間は10〜25分程度が大半である．学会講演の多

くは理工学系の学会で，話者は男子の大学院生が多い．発話は基本的にあらたまったスタイルで行われているが，速度が速くフィラーも多い．模擬講演は，年齢と性別のバランスをとった一般話者による日常的話題に関するスピーチである．話者の大半は人材派遣会社からの派遣であり，あらかじめ指定した三つのテーマ（例えば「人生で一番嬉しかったこと」など）について各10～15分のスピーチを行ってもらった．発話スタイルは学会講演よりも概してくだけたものになっている．

すべての音声データに対して転記テキストが作成されている．表記を統一した漢字仮名まじりテキストと音声の細部を表現した片仮名テキストの二種類がある．すべての転記テキストを長短2種類の語に区切り，品詞情報を付与している．国語辞典の見出し語に相当する「短単位」と複合語・複合辞を表現する「長単位」の2種類がある．総テキストサイズは，短単位で約752万形態素となっている．異なり語彙サイズは約5万であるが，出現頻度が3以下のものをカットオフして生成した音声認識辞書（読みが異なるものを含む）は30K程度である．

また「コア」と呼ばれる177講演（約50万形態素）については，以下の詳細なラベル・タグ情報が付与されている．

- 節単位情報
  転記テキストを「節」（clause）の境界で区分して文法的な分類ラベルを付与．
- 分節音・イントネーションラベル
  子音や母音のラベルとイントネーションを言語学的な基準で記号化したラベル（X-JToBI），およびラベリング時に用いたF0情報．
- 係り受け構造情報
  節単位を範囲とする文節間の修飾関係の情報．
- 要約・重要文情報
  講演内容を自由に要約したり，転記テキストを10％ないし50％に抜粋したテキスト．

```
http://pj.ninjal.ac.jp/corpus_center/csj/
```

3. IPSJ SIG-SLP 雑音下音声認識評価環境（CENSREC）

　欧州における AURORA[14] に触発されて，雑音下音声認識を指向して構築されたデータベースである．CENSRE-1 は，連続数字の発声に複数の種類の雑音を重畳したもので，CENSREC-2 が自動車内で発声・収録したものである[15]．

　CENSREC-1 の発声リストは AURORA-2 のものを日本語化したものである．また，話者数，男女比も同一で話者毎の発声リストも同一となっている．

　音声データの収録は，ヘッドセットマイクロフォン（Sennheiser HMD25）と USB オーディオインターフェイス（Edirol UA-5）を装着した Windows PC を用いて防音室で行なわれた．その後の雑音重畳は AURORA-2 のデータ作成方法と同一の手法により行なった．そのために必要となる雑音信号（Subway，Babble，Car，Exhibition，Restaurant，Street，Airport，Station の 8 種類），各種フィルタ（G.712，MIRS の 2 種類），およびソースプログラムとスクリプトファイルは，すべて AURORA プロジェクトから提供されている．データベースに収録されている音声データのサンプリング周波数は 8 kHz である．

　学習データは 110 名，8 440 発話（男女 55 名，4 220 発話ずつ）である．

　基本となるテストデータは 104 名，4 004 発話（男女 52 名，2 002 発話ずつ）で，テストセット A／B ではこれを 4 分割し各種雑音を 7 種類の SNR レベル（clean，20 dB，15 dB，10 dB，5 dB，0 dB，-5 dB）で重畳，テストセット C では半分の 2 002 発話をさらに 2 分割して各雑音を重畳している．

　AURORA-2 と同様に HTK を用いて HMM の学習および認識実験を行なえるよう，AURORA-2 で配布されているスクリプトをベースとして作成された評価用ベースラインスクリプトが付属されている．

　さらに，単語や文章を収録した CENSREC-3 やハンズフリーで入力した CENSEREC-4 なども構築されている[16]．

```
http://research.nii.ac.jp/src/CENSREC-1.html
```

問1 音声認識の研究・開発を効率的に進めるためには，音声/言語コーパスの共有化が重要である．共有化を行うことにより得られるメリットとその理由を述べよ．

問2 音声/言語データは，さまざまな付加情報を加えることによって，より利用価値の高いものとなる．音声データと言語データのそれぞれに対して，どのような付加情報があるか列挙せよ．

問3 公開されている音声/言語データベースをインターネット上で調査せよ．また，各データベースには，さまざまな利用制限がつけられている場合が多い．その利用制限を調査し，理由を考察せよ．

問4 コーパスの設計・収集に当たり，留意する点について述べよ．

第9章
音声認識システムの実現例

本章では，前章までに述べてきた音声認識のさまざまな要素技術を統合して構成された音声認識システムの代表的な例を示す．これらは著者らによって開発され，公開されているものである．

■9.1 Julius ディクテーションキット

　　Julius は，IPA の支援で実施された「日本語ディクテーション基本ソフトウエア」プロジェクト[1-3]の一環として，オープンソースの大語彙連続音声認識プログラムとして 1997 年から設計・開発され[4]，その後も継続的に発展している[5-8]．Julius 自身は，音響モデルや言語モデルと独立な認識エンジン（デコーダ）であり，さまざまな音響モデルや言語モデルを容易に組み込めるように設計されているが，Julius を用いて音声認識を簡単に試せるように，音響モデルと言語モデルをパッケージにした「Julius ディクテーションキット」が用意されている．これらのモデルは，8 章で述べた一般に入手可能な大規模コーパスを用いて，本書で述べた標準的な学習手法により構築されている．2016 年 8 月時点のディクテーションキットのモデルについて概要を述べる．

1. GMM-HMM 音響モデル

学習データは JNAS コーパス（86 時間）（8.4 節参照）である．特徴量は MFCC 12 次元およびその 1 次差分，エネルギーの 1 次差分の計 25 次元（MFCC_E_D_N_Z）で，ケプストラム平均正規化（CMN）が適用されている．

モノフォン，トライフォンのいずれのモデルも最尤推定による性別非依存（GID）モデルである．形態は実質 3 状態の left-to-right 型対角共分散 HMM で，1 状態あたり 16 混合となっている．トライフォンモデルは 8 443 個のトライフォン，3 090 個の状態からなる状態共有モデルである．どちらのモデルも，HTK 形式と Julius のバイナリ（binhmm）形式が含まれている．これらはファイルの形式は異なるが，HMM としては同内容である．トライフォンモデルについては，付属の回帰木情報を用いて，HTK により MLLR 適応を行うことができる．回帰木のクラス数は 32 となっている．

2. DNN-HMM 音響モデル

学習データは JNAS コーパス（86 時間）および『日本語話し言葉コーパス』（CSJ）模擬講演（292 時間）（いずれも 8.4 節参照）の計 378 時間である．特徴量はフィルタバンク出力 40 次元およびその 1 次・2 次差分の計 120 次元（FBANK_D_A）で，平均と分散の正規化が行われている．

HMM は実質 3 状態の left-to-right 型で，4 874 個の状態からなる状態共有モデルである．状態確率が DNN によって与えられる．DNN は入力層・出力層および 7 層の隠れ層をもつニューラルネットワークである．各層のノード数は次の通りである

　　入力層：1 320（120 次元×11 フレーム）
　　隠れ層：2 048
　　出力層：4 874（HMM の状態数）

各層は RBM による初期化，クロスエントロピ基準によるバックプロパゲーション学習と sMBR 基準による系列学習により構築されている．この DNN-HMM モデルは性別非依存（GID）モデルである．

▌3. 言語モデル・発音辞書

　学習データは国立国語研究所による『現代日本語書き言葉均衡コーパス』（BCCWJ）の全テキスト（約 1 億単語）で，単語の単位は BCCWJ で定義された短単位をそのまま用いている．表層表現と品詞を結合して言語モデル上の単語とした．

　学習データには単語表記の補正処理を実施した．以下に主なものを挙げる．ただし補正処理は完全・正確なものではない．

- ・化学記号等を除き，数字を漢数字に統一
- ・読み（発音）の与えられていない単語を削除
- ・カナ単語の一部をひらがなに正規化
  （感動詞・副詞・形容詞・形状詞・代名詞・助詞・助動詞・連体詞・接続詞）
- ・カタカナ語の語末長音は原則としてのばすよう統一
- ・拗音などの「ぁぃぅぇぉゃゅょっ」が大きな仮名文字で表記されているものは小文字に変換
- ・英単語は（一部を除き）カタカナに置換

　言語モデルは単語トライグラムモデルで，構築には SRILM-1.7.0 を使用した．出現回数が 40 回以下の単語は語彙から除外（カットオフ）した．これによる語彙のサイズは 59 084 である．バイグラム・トライグラムについては 1 回しか出現しないエントリを除外した．バックオフスムージングには Modified Kneser-Ney 法が適用されている．文字コードは UTF-8 である．

　発音辞書は，BCCWJ で各単語に与えられている読み（発音形）をもとに作成した．単語には異なる読みが付与されていることがあり，この場合はコーパス中の読みの生起頻度をもとに確率を計算して，発音エントリに付与している．発音辞書のエントリ数は 64 274 である．

▌4. ベンチマーク結果

　JNAS コーパスにおけるテストセット 200 文を対象に行ったベンチマークの結果は表 9.1 のとおりである．これは 2014 年 1 月時点の評価で，当該テストセットに適合した新聞記事の言語モデルを用いた場合と本キットの言語モデルを用いた場合とを示している．本

キットの言語モデルを用いた場合は単語の単位が異なるため，文字単位の精度を算出している．Juliusは高速（fast）版を使用している．

表 9.1　JNAS 評価セットに対する音声認識性能

音響モデル	新聞記事言語モデル （単語誤り率）	BCCWJ言語モデル （文字誤り率）
GMM-HMM	6.8%*	9.2%
DNN-HMM	3.8%	8.3%

＊本書第1版8章「日本語ディクテーションソフトウエア」の性能にほぼ対応

本ディクテーションキットは，下記の Julius の Web サイトから無償で入手できる．

```
http://julius.osdn.jp/
```

9.2　Kaldi CSJレシピ[9]

Kaldi[10] は音声認識システムの研究開発を行うためのツールキットで，いくつかの主要な言語のコーパスに対応したスクリプト（レシピ）もパッケージに含まれている．以下では，CSJ（8.4節参照）のレシピについて紹介する．

1. 使用したデータ

CSJ Kaldi レシピ（2016年6月公開バージョン）が対応しているのは，CSJ の第3刷および第4刷である．音響モデルの学習に使用するのは，デフォルトでは CSJ の講演カテゴリのうち「学会講演」と「その他」の 240 時間である．指定により模擬講演等全データ（対話データは除いている）を含めて学習することも可能である．いずれの場合も，標準評価セット 30 講演に含まれる話者は除外している．言語モデルでは，全学習データを使用している．

2. 学習方法の概要

CSJ レシピではメインのスクリプト（run.sh）を起動すると，ま

ずCSJから認識システムの構築や評価に適した各種ファイルのセットアップ（無音区間長を手掛かりに適当な発話単位の音声セグメントの切出し，特徴量への変換，CSJ の書起しファイルから学習に使用するラベルファイルへのフォーマット変換など）が行われる．続いて，GMM–HMM や DNN–HMM の学習，CSJ 標準評価セットを用いた認識実験，認識性能の評価までがほぼ全自動で行われる．認識システムの学習では，Switchboard（SWB）レシピなどと同様に，段階的に高精度なシステムが作成される．以下がその各ステップの概要である．

(a) GMM–HMM の学習（学習セットのサブセットを使用）

学習セットのサブセットを用いて，最尤推定によりまずモノフォンモデルを作成する．そのモノフォンモデルを用いて作成した音声データのアライメント情報を元に，トライフォンモデルの学習を行う．次のステップで使用するために，学習したトライフォンモデルを用いたアライメントファイルを作成する．

(b) GMM–HMM の学習（全学習データを使用）

全学習データを用いて，複数フレームの MFCC に線形変換（LDA と MLLT）を適用した特徴量（40 次元）を入力としたトライフォンモデルを学習する．学習したトライフォンモデルをもとに，新たにアライメントファイルを作成する．それをもとに，fMLLR を用いたトライフォンモデルの話者適応学習（SAT）を行う．

(c) GMN–HMM の識別学習（オプション）

オプションとして，GMM–HMM の識別学習も可能である．ただし後段の DNN–HMM の学習にはこちらの結果は用いていない．このステップでは bMMI による識別学習を行った後，bMMI と f-bMMI による識別学習を行う．

(d) DNN–HMM の学習

SAT 学習したトライフォンモデルをもとに，DNN–HMM の学習を行う．使用する特徴量は先に作成した fMLLR を適用した MFCC–LDA–MLLT 特徴量（40 次元）を前後のフレームについて結合（スプライス）したものである．DNN の学習ではまず，RBM による事前学習を行う．この際，平均と分散の正規化を行っている．その後，バックプロパゲーションによる学習を行う．得られた

DNN-HMMをもとに,アライメントファイルとラティスを生成する.最後に,ラティスを用いたDNN-HMMのsMBRによる系列識別学習を行う.

CSJレシピでは,DNNの構造や学習条件に関するハイパーパラメタを共分散行列適応進化戦略(CMA-ES)によりスーパーコンピュータ上で進化させることにより最適化している.現在のバージョンで使用している設定としては,スプライスに用いる前後各々のフレーム数(17),隠れ層の数(6),各隠れ層のノード数(1905),学習率の初期値(4.4E-3)などである.学習率は,ヘルドアウトデータにより学習の状況をモニターしながら初期値から順次減らしていく方式が取られている.進化計算により自動最適化したパラメータは,conf/config_opt にまとめられている.

2016年5月時点において,KaldiツールキットにはのDNN実装(nnet,nnet2,nnet3)がある.それらのうち,nnetではGPUを効率的に用いた学習ができるので,現在のCSJレシピは,nnetをデフォルトで用いている.

▎3. ベンチマーク結果

認識実験の結果は,レシピに同梱されているRESULTSファイルの中に記載されている.音響モデルの学習に全データを用いた場合の各学習ステップにおける平均単語誤り率を表9.2に示す.

表9.2 CSJ標準評価セットに対する音声認識性能(単語誤り率)

	Test Set 1	Test Set 2	Test Set 3	Average
GMM-HMM(LDA+MLLT)	17.5	14.5	16.9	16.3
GMM-HMM(SAT)	15.6	12.2	14.3	14.0
DNN-HMM	11.5	8.8	10.0	10.1
DNN-HMM(sMBR)	10.6	8.4	9.3	9.4

▎4. 入手・追試方法

CSJレシピはKaldiパッケージの一部として一般公開されており,無償で利用可能である.ただし,CSJのデータは含まれていないため,別途入手する必要がある.Kaldiパッケージについては,KaldiのWebサイトに説明があり,githubから最新版をダウンロードで

きる．Kaldi は国際的なチームによる開発が非常に活発に行われており，ソースコードは頻繁にアップデートされている．

CSJ レシピを試すためには，まず Linux 上で必要なコンパイル環境を整えたうえで Kaldi をインストールする．その際 openFST など Kaldi が内部で使用しているほかのツールのインストールも，Kaldi のインストールプロセスの一環としてほぼ自動で同時に行われる．ただし一部ライセンスの関係で手動でのパッケージ取得が必要な場合もある．それらは別途入手して指定の場所に置いたのち，Kaldi に用意されているインストール用のスクリプトを実行する．レシピが正しく動作するためには，依存するパッケージがすべて正しくインストールされ，またそれらのパーミッションが正しく設定されている必要がある．

Kaldi をインストールすると，CSJ レシピは egs/csj 以下に置かれる．s5 ディレクトリの下にあるスクリプト run.sh がメインのスクリプトで，すべての学習や認識のプロセスはここから起動される．CSJ のデータを置いているパスの指定は，このスクリプトの中で CSJDATATOP というシェル変数で行っているので，実行前に実行環境にあわせて指定する．そのほか，path.sh でコマンドパスの設定，cmd.sh でプロセスの実行方法の設定を行っているので，必要に応じてこれらのファイルを編集する．あとは run.sh を起動するだけで，データのセットアップ，GMM-HMM および DNN-HMM の学習，各ステップでのモデルを用いた認識実験と評価が全自動で行われる．

DNN を用いた認識システムの構築には，大規模な計算が必要になる．例として，CSJ レシピの開発で使用したパソコンのスペックは，メモリ 32 GByte，CPU Core i7-5820K，GPU NVIDIA GeForce GTX970 である．データのセットアップから DNN の系列識別学習まで全ステップを実行すると，デフォルトのデータセットに対して上記のスペックでおよそ 1 週間程度かかる．音響モデルの学習に模擬講演なども含める場合は，3〜4 週間程度要する．

Kaldi の Web サイトは下記の通りである．

```
http://kaldi-asr.org/doc/
```

9.3 国会審議の音声認識システム[11-13]

　2011年度より，衆議院では従来の速記に代えて音声認識を利用した会議録作成システムが用いられている．衆議院の各会議室で収録された音声は音声認識システムに入力され，その出力が草稿として衆議院の速記者により編集され，会議録として作成される．このシステムによる実際の会議の音声認識精度（文字単位）はおおむね90%である．この音声認識システムの言語モデル・音響モデルは京都大学で構築された．その概要を以下に述べる．

1. 音響モデル

　音響モデルは，忠実な書起しのある会議音声（225時間）に加えて，会議録のみがある会議音声（約2600時間）から学習されている（2016年6月時点）．忠実な書起しのない会議音声データを学習に利用するために，準教師付き学習の枠組みが用いられている．すなわち，会議音声の各音声区間に対して，対応する会議録テキストから話し言葉変換（後述）により言語モデルを構築する．この言語モデルは各区間に特化しているため，高い精度で音声を書き起こすことができる．このモデルを用いてそれぞれの区間の音声認識を行い，書起しを作成して音響モデルの学習用ラベルとする．国会では会議音声とその会議録が継続的に生成されており，これにより半自動的にモデルを更新することができる．

　音響特徴量としては，MFCCとその1次・2次差分を各12次元，さらにエネルギーの1次・2次差分の計38次元を利用する．特徴量にはCMN・CVNおよびVTLNを適用している．音響モデルは3状態・left-to-right型の状態共有・対角共分散GMM-HMMによるトライフォンモデルである．HMMの状態数は3003，各状態の混合ガウス分布数は16である．モデルの学習は最小音素誤り（MPE）基準により行われている．

2. 言語モデル・発音辞書

　言語モデルの学習には，1999年以降のすべての会議録テキスト

が用いられている(2011年11月時点で計1億9 107万単語).会議録テキストは忠実な書起しではないため,話し言葉固有の口語的な表現やフィラーや文末の冗長表現は削除されている.このため,書起しと会議録がともにある会議データから,会議録を書起しのスタイルに統計的に変換する話し言葉変換モデルを学習し,このモデルを言語モデル学習用の会議録に適用することで話し言葉向けの言語モデルを構築している.本手法では学習テキストを変換するのではなく,言語モデルの統計量を直接変換により推定している.

言語モデルは単語トライグラムモデルである.2011年11月時点のモデルでは,語彙サイズ(発音辞書のエントリ数)は63 583である.1回しか出現しないバイグラム・トライグラムのエントリは削除されている.バックオフスムージングにはWitten–Bell法が適用されている.

3. ベンチマーク結果

このシステムについて,国会(衆議院)の会議音声の一部を用いたベンチマーク結果を表9.3に示す.発話内容の忠実な書起し(正解)は作成していないため,厳密な認識精度は算出できないが,音声認識結果を会議録と比較して近似的な精度を算出した.発話中のフィラーなどは会議録では削除されており,これによる挿入誤りの影響を除くため,正解精度ではなく正解率を指標として用いている.

表9.3 衆議院の会議に対する音声認識性能

年(会期)	会議数	合計時間	文字正解率
2014年(第186回)	215	944時間	88.5%
2014年(第187回)	58	213時間	89.3%
2015年(第189回)	222	839時間	89.1%

本システムは,下記の自動字幕作成システム[14]でも利用することができる.

```
http://caption.ist.i.kyoto-u.ac.jp/
```

付録 A

CMU-Cambridge統計的言語モデルツールキット

　ここでは，実際に統計的言語モデルを作成するための手順の概略について説明する．言語モデルの作成には，フリーの言語モデル作成キットである「CMU-Cambridge SLM Toolkit」が利用されてきた．

　CMU-Cambridge Statistical Language Modeling Toolkit（CMU-ケンブリッジ統計的言語モデルツールキット）は，カーネギーメロン大学のRonald Rosenfeldと，（当時)ケンブリッジ大学のPhillip Clarksonによって書かれた，Nグラム言語モデル作成のためのプログラム群である．このツールキットは

- 多くのコマンド群からなる
- 容易にNグラムが構築できる
- 高速な処理，圧縮ファイルのサポート
- 任意のNについてのNグラムモデルのサポート
- 4種類のバックオフ

という特徴をもつ．このツールキットを使うことで，以下のような作業を簡単に行うことができる．

- 単語頻度リストの作成
- 語彙リストの作成
- バックオフNグラム言語モデルの作成
- バックオフNグラム言語モデルの評価

また，このツールキットは，研究目的であれば無料で利用・配布することができる．

なお，CMU-Cambrigeツールキット互換のソフトウェアとしてpalmkitが開発されている．Palmkitは，http://palmkit.sourceforge.net/からダウンロードすることができる．本章の説明は両方のツールキットに共通である．

A.1 ファイル形式

CMU-Cambridgeツールキットでは，以下のようなファイルを扱う．

(a) .text

統計の元となる文であり，単語が空白（半角）で区切られていることを仮定している．例えば

> 我輩 は 猫 で あ る 。
> 名前 は まだ な い 。

のような形式である．文脈情報（コンテキストキュー）として，<s>（文頭），</s>（文末），<p>（パラグラフ）のような特殊記号を使うこともできる．これらの記号は，自分で定義することが可能である*．

＊後述の.ccsファイル参照

(b) .wfreq

単語とその出現頻度の組である．1行に1つの単語の情報が入る．例えば次のようなものである．

> アドバンスト 1
> 衛星通信 1
> 相談所 9
> 現象 390
> 現職 97
> 現場 569
> …

(c) `.vocab`

語彙リスト．1行に1つの単語が記述され，単語の文字コード順にソートされる．行の先頭が##の行はコメントとみなされる．

(d) `.idngram(id2gram,id3gram,...)`

Nグラムカウントのファイル．通常はバイナリ形式だが，テキスト形式で出力することもできる．各単語は単語番号に置きかえられ，未知語は0に置きかえられる．

(e) `.wngram(w2gram,w3gram,...)`

Nグラムカウントのファイル（テキスト）．単語の組の文字コード順に並んでいる．通常のNグラム作成では使わない．

(f) `.ccs`

コンテキストキュー（<s>や<p>など）を記述する．ここで指定された記号は，コンテキストとしては使われるが，当該単語としては使われなくなる．

(g) `.binlm`

作成された言語モデル（バイナリ形式）．

(h) `.arpa`

作成された言語モデル（ARPA形式，テキストファイル）．

A.2 言語モデルの作成と評価

1. 言語モデルの作成

言語モデル作成の一般的な手順を図 A.1 に示す．これは，次の

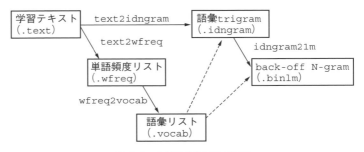

図 A.1 言語モデル作成手順

ような手順からなる．

(a) 学習テキストから単語頻度リストを作る

これには，text2wfreq コマンドを使う．例えば

```
text2wfreq < learn.text > learn.wfreq
```

のようにする．学習テキスト量が多い場合には，ファイルが圧縮されている場合が多い．gzip で圧縮してある場合には

```
gzip -dc learn.text.gz|text2wfreq|gzip >
    learn.wfreq.gz
```

また，compress で圧縮してある場合は

```
zcat learn.text.Z | text2wfreq | compress >
    learn.wfreq.Z
```

のようにすればよい．

(b) 単語頻度リストから語彙リストを作る

単語頻度リストの上位 n 個，または頻度 m 回以上の単語を語彙とする．これには，wfreq2vocab コマンドを使う．例えば頻度の上位 5 000 個を語彙とする場合には

```
wfreq2vocab -top 5000 < learn.wfreq >
    learn.vocab5k
```

のようにする．結果のファイルの拡張子（.vocab5k）は，5 000 語彙のリストという意味だが，特にこういう形式でなければならないということはなく，適当につけてもよい．

上位 n 個という指定ではなく，例えば 30 回以上出現した単語を語彙とする場合には

```
wfreq2vocab -gt 29 < learn.wfreq >
    learn.vocab
```

とする*．

* gt は greater than の略．

(c) 学習テキストと語彙リストから ID-N グラムを作る

語彙が決まったら，ID-N グラムを作る．これには

```
text2idngram -vocab learn.vocab5k
    < learn.text > learn.id3gram
```

のようにする．text2wfreq の場合と同じように，圧縮ファイルを扱うこともできる．text2idngram の主なオプションは次のとおり．

(1) **-buffer バッファサイズ（MB）**

入力のソートに使うメモリサイズを指定する．デフォルトの値はコンパイル時に指定するが，そのままコンパイルすると 100 MB に設定される．

(2) **-temp ディレクトリ**

ソートのための一時ファイルを置くディレクトリを指定する．

(3) **-n 長さ**

生成される N グラムの長さを指定する．デフォルトは 3．

(d) ID-N グラムと語彙リストからバックオフ言語モデルを作る

最終的に，バックオフ言語モデルを作成する．これには，idngram2lm コマンドを使う．

```
idngram2lm -idngram learn.id3gram -vocab
    learn.vocab5k -binary learn.binlm
```

これで，バックオフ言語モデルのファイル learn.binlm が生成される．idngram2lm は，圧縮ファイルにも対応しており

```
idngram2lm -idngram learn.id3gram.gz -vocab
    learn.vocab5k.gz -binary learn.binlm
```

のように，入力として圧縮したファイルを指定することもできる．出力として，バイナリ形式の binlm でなく，テキスト形式（.arpa）を選ぶ場合は

```
idngram2lm -idngram learn.id3gram -vocab
    learn.vocab5k -arpa learn.arpa
```

のように指定する．

idngram2lm の主なオプションは次のとおりである．

(1) **-context コンテキストキュー**

コンテキストキューファイル（.ccs）を指定する．

(2) **-vocab_type 0〜2**

未知語を含むモデルの場合は 1，未知語を含まないモデルの場合は 0 を指定する．学習データに未知語を含まないが，入力には未知語を許すという場合には 2 を指定する．デフォルトは 1 である．

> 未知語を含むモデル：open vocabulary model
>
> 未知語を含まないモデル：closed vocabulary model

(3) `-linear`|`-absolute`|`-good_turing`|`-witten_bell`

ディスカウントの手法を指定する．各オプションに対応するディスカウント手法は次のとおり．

- `-linear` 　　　線形法
- `-absolute` 　　絶対法
- `-good_turing` グッド・チューリング法
- `-witten_bell` ウィッテン・ベル法

デフォルトはグッド・チューリング法である．

(4) `-cutoffs` 回数 2　回数 3 ...

各 N グラムのカットオフを指定する．「回数 2」がバイグラムのカットオフ，「回数 3」がトライグラムのカットオフである．ここで指定した回数以下の N グラムカウントは削除される．デフォルトはすべて 0 である．

(5) `-ascii_input`|`-bin_input`

入力の ID-N グラムがテキスト形式のときは `-ascii_input`，バイナリ形式のときは `-bin_input` を指定する．

(6) `-n` 長さ

N グラムの長さを指定する．デフォルトは 3．

■2. 言語モデルの評価

作成した言語モデルは，単語パープレキシティにより評価する．モデルの評価をするコマンドが evallm である．evallm は，対話的に処理を行うプログラムである．例えば，次のような使いかたをする．

下線部がユーザーの入力を表す

```
% evallm -binary learn.binlm
Reading in language model from file learn.binlm
Done.
evallm : perplexity -text test.text
Computing perplexity of the language model with respect
  to the text test.text
Perplexity = 32.25, Entropy = 5.01 bits
Computation based on 232 words.
Number of 3-grams hit = 136 (58.62%)
Number of 2-grams hit = 59 (25.43%)
```

```
    Number of 1-grams hit = 37 (15.95%)
    135 OOVs (36.78%) and 0 context cues were removed
      from the calculation.
    evallm : quit
    evallm : Done.
```

基本的な使い方としては

  `evallm -binlm` 言語モデルのファイル（バイナリ）

または

  `evallm -arpa` 言語モデルのファイル（テキスト）

で evallm を起動し，evallm: のプロンプトで

  `perplexity -text` 評価テキスト

を入力する．この場合の評価テキストは，学習テキストと同じく，単語間を空白で区切ったテキストファイルでなければならない．

evallm の起動時のオプションとして

  `-ccs` コンテキストキュー

で，コンテキストキューのファイルを指定することができる．また，起動した後のコマンドとして，次のものが使える．

(a) `perplexity -text` 評価テキスト

指定されたファイルのテストセットパープレキシティを計算する．このコマンドには多くのオプションがあるが，主に使うのは以下のものである．

 (1) `-probs` ファイル

  評価テキストの各単語の出現確率を，指定したファイルに書き出す．

 (2) `-oovs` ファイル

  評価テキストに出現した未知語を，指定したファイルに書き出す．

 (3) `-annotate` ファイル

  評価テキストの各単語の確率，対数確率，計算状況（直接求まったか，バックオフしたか，etc.）を，指定したファイルに書き出す．

(b) `validate` $w_1\ w_2\cdots$

与えられたコンテキスト $w_1\ w_2\ldots$（トライグラムの場合は2単

語）において

$$\sum_w P(w|w_1 w_2 \cdots) = 1$$

になるかどうかをチェックする．

(c) `help`
コマンド一覧を表示する．

(d) `quit`
`evallm` を終了する．

3. その他のコマンド

以上，ツールキットの基本的な使い方と，最もよく使うコマンドについて解説した．CMU-Cambridge ツールキットには，これ以外にも多くのコマンド群が含まれる．これらのコマンドと簡単な解説を以下に示す．詳しい解説は，ツールキットに含まれるドキュメントを参照のこと．

(a) `text2wngram`
テキストを，N グラム（単語番号に変換されていないもの）にする．

(b) `wngram2idngram`
単語 N グラムを ID-N グラムに変換する．

(c) `idngram2stats`
ID-N グラムから，その frequency-of-frequency の値，各 N グラムの個数などの統計を表示する．

(d) `mergeidngram idngam1 idngram2...`
複数の ID-N グラムを合わせて 1 つの ID-N グラムを生成する．

(e) `binlm2arpa -binary xxx.binlm -arpa zzz.arpa`
バイナリ形式の言語モデルを，テキスト形式に変換する．

(f) `interpolate` + 確率ファイル 1 + 確率ファイル 2...
複数の確率ファイル（`evallm` の `perplexity -probs` で出力されるもの）を線形補間した場合の，最適なパラメータを計算する．

付録 B

大語彙連続音声認識エンジン Julius

音声認識エンジン Julius は，音声認識の研究・開発・応用のプラットフォームとして供するために，以下のようなコンセプトで設計された．

(a) 汎用的・標準的なインタフェース

音響モデル・言語モデルとの分離を図り，標準的なインタフェースで種々のモデルを扱えるような汎用的なエンジンをめざす．具体的には HTK や SRILM で用いられているインタフェースを基本として採用した．

(b) 高水準で軽量の大語彙連続音声認識アルゴリズム

世の中のリファレンス・ベースラインとなることをめざす．具体的には，オフラインでは最高水準に近い認識精度を達成する．一方，小さいメモリ容量で動作可能であり，パソコンやスマートフォンで実時間動作する．

(c) オープン性・ポータビリティ

誰でも簡単にさまざまなアプリケーションに使えることをめざす．ソースコードはオープンとし，利用に関する制限は商用も含めてほとんどなく，移植・改変も自由である．

この文書では，この認識エンジン Julius に関して，その仕様と基本的な使い方を説明する．

なお，最新パッチや認識キットの提供，性能評価・動作確認など，

Juliusに関する最新の情報は以下のWebページで公開している.

```
http://julius.osdn.jp/
http://github.com/julius-speech/julius
```

■B.1 外部仕様

■1. 入 出 力

　入力は音声の波形データ，あるいは音声分析の結果得られる音響特徴量である．それぞれファイルあるいはネットワーク越しに入力できる．オーディオデバイスから音声をキャプチャし直接オンラインで認識することもできる．

　音声波形のファイル形式はMicrosoft WAV形式（16 bit PCM，1チャンネル）あるいはRAW形式（ヘッダなし，16 bit signed，1チャンネル，ビッグエンディアン）を読み込める．外部ライブラリlibsndfileを使用して対応形式を拡張することも可能である．音声波形の量子化ビット数とサンプリングレートは音響モデルの学習条件と一致させる必要があるが，内部で変換は行われず正しいかどうかのチェックも行われない場合があるため，あらかじめsoxなどの外部ツールで適切なフォーマットへ変換しておく必要がある．

　録音デバイス（マイク・ラインインなどの外部入力端子やUSBマイクなどのデバイス）からキャプチャした音声波形の直接認識は，パソコン（Windows/Linux/Mac OS）のほかSunやIRIXのワークステーションにも対応する．外部の音声入力ライブラリを使うことでスマートフォンへ対応するよう拡張することも可能である．ステレオ録音しかサポートされていないデバイスの場合は左チャンネルを抽出して認識を行う．なお，すべての機種・OSに対応していることは保証しない．

　ネットワーク越しの音声入力ではTCP/IPのサーバとして振る舞うことができる．特定ポートへ接続し，RAWの音声データを，サイズ（サンプル数）およびデータ本体をセットとしたチャンクご

とに逐次流し込むことで認識が実行され，サイズ0のチャンクを送ることで発話終了を通知できる．ほかに，ファイルリストをテキストで与えて複数ファイルをバッチ処理することや，入力音声をファイルに保存する機能も備える．

　音響特徴量で与える場合，HTKのパラメータファイルとして与えるか，あるいは音声と同様にネットワーク越しにTCP/IPソケットを通じて流しこむ．ネットワークの場合，接続後に特徴量パラメータのヘッダ情報を送信してからフレーム毎の特徴量ベクトルを流しこむ．

　音声波形データを直接認識するときは，内部で入力音声からの特徴量抽出が行われる．このとき，音響モデルの要求する特徴量と一致するよう正確な特徴量抽出パラメータを与える必要がある（必要な特徴量の情報の一部は音響モデルのヘッダに記述されてあるが，フレームレートや窓幅などの情報はヘッダに含まれていないため）．抽出可能な特徴量はMFCCおよびフィルタバンク出力（FBANK，MELSPEC），パワー，およびそれらの時間差分を基本とする．パラメータは個別に指定するほか，HTK用の設定ファイル（Config）を直接読み込むこともできる．また，スペクトル減算や直流成分除去，ケプストラム平均正規化（CMN）および分散正規化（CVN）も行える．CMNあるいはCVNをマイク入力に対して行う場合は，直前の一定長の発話のケプストラム平均あるいは分散を利用する．平均および分散は蓄積・更新されていくが，起動時に固定値を与えることもできる．

　内部で音響モデルの状態出力確率計算を行わずに，外部ツールが計算した状態出力確率（対数）をベクトルとして，音響特徴量ベクトルと同じ様式でフレームごとに受け取ることができる．DNN音響モデルを用いた認識ではこの方法により外部の状態確率計算モジュールから状態出力確率ベクトルを受け取り動作している．

　単語間にポーズが入ってもよいが，ポーズの出現に関しては言語モデルで指定する．つまり，句読点などをポーズに書き換えるようにして，それらの出現確率はNグラムの枠組みでモデル化する．ただし句点相当の長いポーズで，認識プログラムは入力を打ち切って処理する．また，極端に短い入力や極端に長い入力をしきい値で

棄却することもできる．

出力は最尤単語列である．Nベスト候補やラティス形式，Confusion Network 形式で複数の候補を出力することもできる．空白区切りの単語表記での出力のほか，音素表記での出力，単語事後確率に基づく単語信頼度の出力も可能である．また認識結果に基づいて入力音声を音素や単語単位にセグメンテーションすることも可能である．サーバとして動作し，結果を TCP/IP ソケットを通じてクライアントへ逐次送信することも可能である．

2. 音響モデル（HTK フォーマット）

HMM を基本とし，HTK フォーマットに互換性をもたせる．混合連続分布 HMM を扱える．共分散行列は対角成分のみからなるものとする．状態間で分布を共有するタイドミクスチャモデルも扱える．タイドミクスチャモデルか否かは，専用ディレクティブ（<TMix>）を使用しているかどうかで判断する．なお共有されるコードブック（ガウス分布の集合）は複数定義することが可能である．音素ごとにコードブックを定義すれば，音素内タイドミクスチャ（PTM）モデルとなる．継続時間制御は実装していない．

音素環境独立（CI）モデルだけでなく，音素環境依存（CD）モデルを扱える．ただしトライフォンまでである．これも，HMM 名を a-t+a のように先行・後続音素を参照して，音素環境依存モデルであることを明示する必要がある．第 1 パスでは単語間の依存性は近似的に扱い，第 2 パスで厳密に処理する．

トライフォンモデルを用いる場合には，辞書中の単語に出現しうるすべての組合せについて，そのエントリ（実体のモデル）もしくは置換（対応させるモデル）を定義しておく必要がある．この対応関係はファイル（HMMList ファイル）で与える．

DNN 音響モデルとの組合せで動かす場合，使用する DNN 音響モデルと同一の状態構造をもつ GMM-HMM を音響モデルとして与える．このとき，GMM の出力確率は内部では実際には計算されず，外部の DNN 計算モジュールから与えられる状態出力確率ベクトルを使ってデコードされる．

音響モデルおよび HMMList ファイルは，付属のツールで専用バ

イナリフォーマットに変換することでより高速な読込みが行える．

3. 単語辞書（HTK フォーマット）

語彙のエントリの表記と音素記号列からなる単語辞書は，HTK フォーマットに準拠する．

語彙エントリ数（発音表記の異なり数）の上限はデフォルトで最大 65535 まで可能である．ただしコンパイル時の設定を変えることでメモリ効率と引き換えにこの上限を外すことができる．

音素表記は，日本音響学会の音声データベース委員会で策定されたものを標準とする．そうでない場合は，単語のかな表記から音素表記への変換規則（プログラム）を，音響モデル開発者の責任で用意する．

デコーディングでは単一の文頭単語あるいは文末単語（音響的には無音モデルに対応）を認識の始端と終端に強制的に固定して認識処理を行っている．このため，辞書上で文頭単語および文末単語がどのエントリに当たるかを明示的に指定する必要がある．

また，語彙のエントリごとに追加の言語スコアを指定できる．これと単語 N グラムを合わせてクラス N-gram とする運用も可能である．

4. 言語モデル（ARPA 標準フォーマットあるいはオートマトン文法）

言語モデルは単語 N グラム，およびオートマトン文法を利用できる．なお，言語モデルを与えずに辞書のみによる孤立単語認識を行うこともできる．複数の言語モデルの併用（同時）デコーディングも行える．

単語 N グラムは，ARPA 標準フォーマットに互換性をもたせる．これは，CMU-TK や SRILM を始め多くの言語モデルツールで用いられており，また HTK のフォーマットもほぼ等価である．読込みの高速化のため，独自のバイナリファイルへの相互変換も実装する．相互変換用のコンパイラは認識エンジン本体に付属して提供する．

第 1 パスではバイグラムのみを用い，第 2 パスで N グラム全体

を適用する．ただし第 2 パスは（第 1 パスと逆向きの）right-to-left に処理するため，通常と逆向きの N グラムを用意する必要がある．このためのツールも提供する．また <unk> エントリを未知語カテゴリとして扱い，辞書の単語でユニグラム確率が定義されていないものに対しては，未知語カテゴリの確率をその総数で補正した確率が用いられる．

オートマトン文法を用いる場合は BNF に似た形式で構文制約と語彙を設計し，コンパイラでオートマトン文法へ変換する．このためのツール群も付属する．構文制約は文記号を S とした非終端記号レベルの書き換え規則で記述し，語彙は末端の非終端記号とそれに属する語彙（単語エントリ）を定義する．オートマトンのレベルで記述できない言語の場合はコンパイル時にエラーとなる．HTK の単語ラティスフォーマットのファイルを変換するツールも付属する．複数の文法を組み合わせた認識も行える（この場合全体で一位の仮説を出すか文法ごとに一位の仮説を出すかを選択できる）．文法利用時，第 1 パスは 2 単語間の接続制約を用い，第 2 パスで文法全体を適用することとなる．

言語モデルと単語辞書の一貫性を保証するため，単語辞書の作成も，原則として言語モデル開発者の責任である．これには，格助詞「は」「へ」の適正な処理などのかな表記への変換も含まれる．ポーズの出現に関しても，句読点や記号などを利用して言語モデルで表現する．

また，言語（構文）制約を用いずに，辞書のみで孤立単語認識を行うことも可能である．

B.2　内部仕様（アルゴリズム）

認識エンジン Julius で採用するアルゴリズムについて説明する．

単純に 1 パスの処理において認識を行うと，高精度なモデルの適用や複雑な仮説の管理のために全体として処理量が大きくなりかねない．特に N グラムを適用するには，各仮説ごとに $(N-1)$ 単語分の履歴を考慮する必要があるので実装が複雑になる．

そこで，効率よく高精度のモデルを適用するためにマルチパス探索を採用した．第1パスで，ある程度の精度の音響モデル・言語モデルを用いて入力（ポーズまで）を完全に処理して，この中間結果をもとに，第2パスにおける探索空間を限定すると共に，先読み情報（ヒューリスティック）として利用する．

ここでは認識精度を考慮して，第1パスから音素環境依存モデルを使用する．ただし，単語間の結合に関しては処理が煩雑になるため，最初は近似値で与える．言語モデルは，やはり処理の簡便性からバイグラムを最初に用い，第2パスでNグラムを適用する．

1. 第1パスの処理

時間フレームに同期してビームサーチを進める．ビームの幅はランク（ノード数）による指定とスコア（最尤値からの幅）による指定の両方が行える．両方指定した場合はどちらも満たすノードのみが生き残る．

単語辞書に関しては，プレフィックスを共有する木構造化を行う．仮説ごとに動的に探索木を構成・展開する代わりに，静的な木を一つ用意しておいて，すべてのノードにバックポインタ（単語履歴）をコピーする．すなわち，仮説の管理は最尤近似である．

言語モデル確率の分解については，バイグラム確率の分解とユニグラム確率の分解の両方を実装したが，後述する単語トレリス形式を採用した2パス探索では，ユニグラム確率の分解を用いても第1パスの誤りを第二パスで回復できることが実証されており，こちらを基本とする．

単語間の音素環境依存性の扱いについては，単語終端では可能なモデルの最大値で近似し，単語始端では最尤履歴から与える．

2. 単語トレリスインデックス

第1パスと第2パスの間の中間表現の形式（インタフェース）としては，最尤近似とトレリスを基本とする．効率よく第2パスを実行するために，単語トレリスインデックス表現を考案し，実装した．最尤近似による第一パスでの精度の低下は，トレリス表現を介した第二パスにより回復する．

なお，実際には，第二パスで単語間の音素環境依存処理を行うことにより第1パスと単語境界がずれる可能性があるので，数フレーム（＝5）程度のずれを許容して次単語の接続を行う．

3. ビーム幅付き最良優先探索

第2パスの探索アルゴリズムとしては，単語単位の最良優先探索を基本とするが，単語長ごとの仮説数に上限（＝ビーム幅）を設定し，それに達したらその長さ以下の仮説を破棄するようにする．これにより幅優先な展開に陥る事態を回避し，安定して解が得られるようにする．さらに，エンベロープサーチと同様に，すでに展開した仮説のスコアに基づいて，各フレームごとに枝刈りのしきい値を設定することにより効率化する．

4. Nベスト探索

このスタックデコーダを利用した探索により，文単位の単語履歴を考慮した仮説の評価を行えるが，第1パスと第2パスで言語モデル・音響モデルともに異なり，第2パスのモデルのほうが高いスコアを与える可能性があるために，A*適格性は満たしていない．そのため最初に得られる解が最尤解である保証はない．したがって，N個の候補を出力してから，それらをスコアでソートして最尤解を求める．通常は10個程度を求めれば十分である．不十分なビーム幅などの理由により解が得られなかった場合，認識失敗（解なし）とするほか，第1パスの部分的な結果を最終結果として出力することも可能である．

5. 音響モデルの確率計算の高速化

GMMの計算にガウス分布枝刈りが実装されている．枝刈りエラーのない安全な方法 [safe] と，未計算次元をヒューリスティックに見積る方法 [heuristic]，各次元でビーム幅を設定する方法 [beam] の3通りが存在する．

ガウス分布予備選択（GMS）も実装を行っている．最初にモノフォンによる評価を行って，上位の状態についてのみトライフォンを適用する方式である．

なお，通常のトライフォンを用いる場合は，探索途上でビームに残っている仮説から必要な音素のモデルのみを計算するようにしている．また，最初に計算した確率はキャッシュしておき，ほかの仮説や第2パスでは新たに計算することのないようにしている．

B.3 動作環境

Julius は C 言語で書かれている．コア部分は外部依存性がなく単体でもコンパイル・動作可能であり，Linux/Windows/MacOSX などで動作する．デバイスや OS に依存するのはオーディオ入力のみで，本体は環境非依存である．ほかの環境へのポーティングも比較的容易である．これまでに Android，iOS での動作実績がある．

B.4 動作設定と起動

Julius の基本的な使い方を解説する．

1. Jconf 設定ファイル

Julius の動作設定は，基本的に jconf ファイルと呼ばれる設定ファイルの中に記述する．以下に例を示す．

```
##################################################
#### 必須の設定
##################################################
## 音響 HMM 定義ファイル（HTK 形式）
-h /cdrom/phone_m/model/PTM/gid/tri/hmmdefs,tmix.gz
## HMMList ファイル（monophone では不要）
-hlist /cdrom/phone_m/parms/logicalTri.added
## 単語 2-gram, 逆向き 3-gram（ARPA 標準形式）
-nlr /cdrom/lang_m/20k/75.wit.1.arpa.gz
-nrl /cdrom/lang_m/20k/75.rev.wit.1-1.10p.arpa.gz
## あるいは，バイナリ N-gram（mkbingram で変換）
# -d bingram_for_julius/75.20k.1-1.10p.wit.bingram.gz
## 単語辞書
```

```
-v /cdrom/lang_m/20k/20k.htkdic
####################################################
#### オプション設定
####################################################
## 探索パラメータ設定
#-b 500 -n 10  # ビーム幅500ncde, 10-best解を求める
-input rawfile  # 入力は音声ファイル
-quiet -separatescore  # 出力メッセージ抑制・詳細なスコ
アを出力
```

なお，#から行末まではコメントとして無視される．

必ず指定しなければならないのは音響HMM定義ファイル，単語Nグラムファイルあるいは文法ファイル（孤立単語認識のときは不要），および単語辞書である．音響HMMがトライフォンモデルの場合は，さらにHMMListファイルも指定する必要がある．単語Nグラムファイルは，ARPA形式の単語バイグラムと逆向きトライグラムをそれぞれ"-nlr"，"-nrl"で個別に指定するか，もしくはそれらを合わせてコンパイルしたバイナリNグラム形式のファイルを"-d"で指定する．孤立単語認識を行う場合は単語辞書を"-v"ではなく"-w"で指定する．また，入出力の選択やビーム幅や言語重みなどの探索パラメータについてもここで設定する．

2. プログラムの実行

Juliusはコマンドラインから以下の要領で起動する．

```
% julius -C jconfファイル名
```

動作設定を起動時にコマンドライン上で与えることも可能である．書式はjconfファイル内での書き方と同じでよい．

起動後，初期化が終了すると，現在のシステム情報を出力したあと音声データの入力待ちになる．音声ファイル入力の場合は以下のようなプロンプトが出てキー入力待ちになる．

```
enter filename->
```

音声が入力されると，Juliusは2パスの認識処理を開始する．まず入力全体に対し第1パスのフレーム同期探索を行い，その最尤仮

説を出力する．なお漸次的に，ほぼリアルタイムで認識結果を出力することもできる（マイク入力時，もしくは "-progout" または "-demo" を指定時）．この出力例を以下に示す．

```
input speechfile: sample/EF043002.hs
58000 samples (3.62 sec.)
### speech analysis (waveform -> MFCC)
length: 361 frames (3.61 sec.)
attach MFCC_E_D_Z->MFCC_E_N_D_Z
### Recognition: 1st pass (LR beam with 2-gram)
.......
pass1_best: 師匠 の 指導 力 が 問わ れる ところ だ 。
pass1_best_wordseq: <s> 師匠+シショー+2 の+ノ+67
指導+シドー+17 力+リョク+28 が+ガ+58 問わ+トワ+問
う+44/21/3 れる+レル+46/6/2 ところ+トコロ+22 だ+ダ
+70/48/2 。+。+74 </s>
pass1_best_phonemeseq: silB | sh i sh o: | no | sh
i d o: | ryo ku | ga | to wa | re ru | t o k
o r o | d a | sp | silE
pass1_best_score:-8944.117188
```

引き続いて第 2 パスの探索が実行され，最終的な認識結果が出力される．

```
### Recognition: 2nd pass (RL heuristic best-first
with 3-gram)
samplenum=361
sentence1: 首相の指導力が問われるところだ。
wseq1: <s> 首相+シュショー+2 の+ノ+67 指導+シドー
+17 力+リョク+28 が+ガ+58 問わ+トワ+問う+44/21/3
れる+レル+46/6/2 ところ+トコロ+22 だ+ダ+70/48/2 。+。
+74 </s>
phseq1: silB | sh u sh o: | no | sh i d o: | ryo
ku | ga | to wa | re ru | t o k o r o | d a |
sp | silE
score1: -8948.578125
478 generated, 478 pushed, 16 nodes popped in 361
```

なお，起動時に "-quiet" または "-demo" を指定することで，以下のような最小限の出力に変更できる．

```
58000 samples (3.62 sec.)
pass1_best: 師匠 の 指導 力 が 問わ れる ところ だ 。
sentence1: 首相 の 指導 力 が 問わ れる ところ だ 。
```

マイク入力については，無音から次の無音までを一入力として認識が行われる．

3. バイナリファイル

単語 N グラムの ARPA 標準フォーマットは，汎用性が高く扱いが容易である反面，テキストファイルであるためサイズが膨大である．特に読み込みに時間がかかるため，大規模なモデルでは起動に多大な時間を要する．N グラムファイルをあらかじめ Julius 内部で扱うバイナリ形式に変換しておくことで，ファイルサイズと起動時間を大幅に縮めることができる．この変換には付属のツール"mkbingram"を用いる．なお，同じく付属のツール"binlm2arpa"でバイナリ N-gram をふたたび ARPA 形式に戻すこともできる．

音響モデル（HTK ASCII フォーマット）およびトライフォンリストファイル（HMMList ファイル）も，同様に"mkbinhmm"を用いてバイナリ形式に変換することで起動を高速にすることができる．

4. 探索パラメータの設定

認識アルゴリズムを直接制御する解探索パラメータの設定は，認識性能に大きく影響する．デフォルトでもモデルの規模や音響モデルの種類などを考慮した適当な値が用いられるが，最大の性能を追求するにはある程度のチューニングが必要となる．

以下に，設定可能な代表的な探索パラメータについて説明する．

(a) 言語モデル重みと単語挿入ペナルティ

言語モデル重みと単語挿入ペナルティを用いた n 単語の仮説 $h = w_1, w_2, \cdots, w_n$ の評価値 $f(h)$（対数スケール）は以下のように定義される．

$$f(h) = \mathrm{AC}(h) + \mathrm{LM}(h) * \mathrm{LM\_WEIGHT} + n * \mathrm{LM\_PENALTY} \tag{B.1}$$

ただし，AC(h)：仮説 h に対応する音響モデルの対数出力確率
LM(h)：仮説 h に対する言語モデルの対数出現確率
LM_WEIGHT：言語モデル重み
LM_PENALTY：単語挿入ペナルティ

重みが大きいほど，言語モデルの制約が強くなる．また，ペナルティは負の値を与えると単語が挿入されにくくなり，逆に正の値を与えると挿入されやすくなる．

Julius ではこれらをパスごとに独立に設定する．単語 N グラム言語モデルにおいてはそれぞれ "-lmp"，"-lmp2" で指定する．

- 第1パス(バイグラム)用：-lmp LM_WEIGHT LM_PENALTY
- 第2パス(トライグラム)用：-lmp2 LM_WEIGHT LM_PENALTY

なお，デフォルトの値は以下の通り，音響モデルによって定まる．

- -lmp 8.0 -2.0 -lmp2 8.0 -2.0 （トライフォン使用時）
- -lmp 5.0 -1.0 -lmp2 6.0 0.0 （モノフォン使用時）

(b) GMM 計算数

音響モデルがタイドミクスチャモデルのとき，GMM コードブックごとに計算する尤度上位の分布の数を "-tmix 値" で指定できる．小さくするほど音響尤度計算量が削減されるが，計算精度が低くなる．なお通常のトライフォンやモノフォンモデルでも "-gprune safe"（あるいは heuristic/beam）を明示的に指定することでこの計算量削減を行うことができる．

(c) ビーム幅

第1パスのフレーム同期ビーム探索のビーム幅は "-b" で指定する．単位は HMM のノード数である．この値が大きいほど最適解が枝刈りされる危険は少なくなるが，それに比例して処理時間を要する．デフォルト値は，エンジンの設定や音響モデルのタイプ（モノフォン/トライフォン，タイドミクスチャか否か）の組合せによって適当な値が設定される．"-b 0" とすることで枝刈りを行わないフルサーチが可能である（ただし計算量が大幅に増大する）．これに加え，"-bs" でより一般的なスコア（最尤値からの幅）によるビーム幅制限も行える．"-b" と "-bs" の両方を指定した場合，どちらの条件も満たすノードのみが生き残る．

第2パスのビーム幅つき最良優先探索の仮説幅は "-b2" で指定

する．単位は仮説数で，デフォルト値は30である．

また，第2パスでは，すでに展開した仮説のスコアに基づいて各フレームごとの最大値から一定の幅の枝刈りしきい値を設定している．この各フレームごとの枝刈り幅を"-sb"で指定できる．単位はスコア（対数スケール）で，デフォルト値は80.0である．

(d) 探索終了条件

"-n"でNベスト探索で求める候補数を指定する．この数の仮説が得られるまで第2パスの探索を続ける．得られたN個の仮説はスコアでソートされ，上位のものが出力される．また"-m"で第2パスの仮説展開回数上限を指定できる（デフォルト値は2000）．この回数まで仮説展開を行って解が一つも得られない場合，解なしとして終了する．

B.5 応用例

Juliusはディクテーション以外の音声認識ツールとしても使用することができる．ここでは応用例として，adintoolを用いたネットワーク音声認識，モジュールモードによる通信，ならびにセグメンテーションを紹介する．

1. adintoolを用いたネットワーク音声認識

Juliusはネットワーク経由で入力データを受け取り認識をリアルタイムに行うことができる．ポート番号は5530である．音声データの送信元として付属のサンプルツール"adintool"を使うことができる．音声データを送信するときは，Juliusを"-input adinnet"をつけて実行する．そして，別ホストから以下のようにadintoolを起動する．

```
adintool -in mic -out adinnet -server HOSTNAME
```

なおHOSTNAMEはJuliusが実行されているホスト名である．adintoolでマイクデバイスからの入力が切り出され，順次Juliusへ送られて認識が実行される．

特徴量として送信する場合は，Juliusを"-input vecnet"で

起動する．その後，別ホストで"-out vecnet"をつけてadintoolを起動する．これにより，adintoolで入力から特徴量抽出まで行われ，抽出された特徴量が順次Juliusへ送信される．なお，adintoolへはJuliusと同じオプションで，Juliusで使用する音響モデルとマッチする特徴量抽出パラメータを与える必要と，さらに"-paramtype"と"-veclen"で特徴量フォーマットとベクトル長を合わせて指定する必要がある．

2. モジュールモードによる通信

Juliusは"-module"をつけて起動することでモジュールモードとなり，クライアントからポート番号10500番への接続を受け付ける．接続したあと，Juliusは入力開始や終了といった認識エンジンの状態，および認識結果を逐次そのソケットへ出力する．出力される情報のデフォルトは第2パスの最終認識結果であるが"-outcode"オプションで第1パスの漸次的な途中出力を含めて送信する内容を選択できる．またソケットに対しクライアントから文字列を送ることで，認識の一時停止や再開，文法ファイルの流し込み等が行える．

3. セグメンテーション

Juliusには，認識結果の単語列に沿って入力音声を強制的に区分化する機能がある．この機能を用いて，Juliusをセグメンテーションツールとして利用することができる．

Juliusの実行時オプションに"-palign"あるいは"-walign"を指定すると，最終的な認識結果の文に対してセグメンテーションを実行する．"-palign"で音素単位，"-walign"で単語単位の結果を表示する．

"-walign"の実行例を図B.1に示す．各単語について，対応づけられた区間の開始フレームと終了フレームの番号，フレーム単位で正規化された区間音響スコア，適用されたHMM名が出力される．なお，言語モデルのスコアは含めていない．

音声認識結果でなく，あらかじめ用意した書起しテキストに従ってセグメンテーションすることも可能である．これは書起しテキス

トの単語列のみを受理する言語モデルを生成することによって実現する．

```
###Recognition: 2nd pass (RL heuristic best-first
with 3-gram)
samplenum=538
sentence1: 警察 が 摘発 した 汚職 事件 後 ，
わいろ 額 では ，過去 最高 ．
wseq1: <s> 警察 + ケイサツ +2 が + ガ + 58 摘発 +
テキハツ +17 し + シ + する + 44/3/8 た + タ +
70/47/2 汚職 + オショク + 2 事件 + ジケン + 2 後 +
{ノチ/ゴ/アト} + 32 ， + ， +75 わいろ + ワイロ + 2
額 + ガク + 28 で + デ +
58 は + ワ + 62 ， +, +75 過去 + カコ + 16 最高 +
サイコー + 2. + . +74 </s>
phseq1: silB|ke i sa ts u|ga|tekiha ts u|sh i|ta|
o sho ku|jike N|go|sp|wairo|ga ku|de|wa|sp|kako|
saio:|sp|silE|
score1: -13731. 809570
===word alignment begin ===
id: from to n_score applied HMMs (logical
[physical])
--------------------------------------------------
 0:    0   44  -21.949812   silB
 1:   45   97  -26.604723   k e i s a ts u
 2:   98  115  -25.854668   g a
 3:  116  164  -26.837881   t e k i h a ts u
 4:  165  177  -27.231783   sh i
 5:  178  190  -26.596830   t a
 6:  191  224  -26.820484   o sh o k u
 7:  225  267  -26.110521   j i k e N
 8:  268  284  -24.465906   g o
 9:  285  290  -24.967367   sp
10:  291  324  -26.300838   w i r o
11:  325  348  -27.777710   g a k u
12:  349  356  -24.144897   d e
13:  357  377  -24.491072   w a
14:  378  389  -24.173990   sp
15:  390  416  -28.369576   k a k o
16:  417  479  -24.496574   s a i k o:
17:  480  506  -21.095486   sp
18:  507  537  -21.237368   silE
re-computed AM score: -13558.580078
===word alignment end ===
2371 generated,1186 pushed,51 nodes popped
in 538
```

図 B.1　Julius のセグメンテーション実行例

演習問題略解

■ 第1章 音声認識の概要

問1 解答略

問2 同一の単語で発音変形があり，その頻度に偏りがある場合。例えば，「一」に対して「ｉｃｈｉ」「ｉｑ」「ｈｉｔｏｔｓｕ」「ｈｉ」などのエントリがあるが，後者ほど確率は低い．

問3 音響モデルと言語モデルの総合的な最適化が可能になるが，テキストと音声が対応づけられたデータでしか学習できず，大規模テキストを用いて言語モデルを学習することができない．

問4 韻律的情報や広い文脈の知識など．

■ 第2章 音声特徴量の抽出

問1
$H(e^{j2\pi \times 5k/10k}) = H(e^{-j\pi}) = H(-1) = 1 + a$
$H(e^{j2\pi \times 0}) = H(e^{-j0}) = H(1) = 1 - a$

より

$$20 \log_{10} \frac{1+a}{1-a} = 32$$

を解いて，$a = 0.95$ を得る．

16 kHz サンプリング，$a = 0.95$ の場合

$|H(e^{j2\pi \times 5k/16k})| = |H(e^{-j5 \times 8\pi})| \approx |H(-0.383 + j0.925)| \approx 1.62$
$|H(e^{j2\pi \times 0})| = 1 - 0.95 = 0.05$

などから，ゲインは 30 dB．

問2 図の音響管は長さ 9 cm の両端が閉じた音響管と，長さ 6 cm の両端が開いた音響管の二つに分離できる．全体の共振周波数は，二つの音響管の共振周波数を合わせたものとなる．長さが 9 cm の両端が閉じた音響管の共振は，管の長さを $\frac{1}{2}$ 波長を λ とすると，$l = \frac{\lambda}{2} n (n = 1, 2, \cdots)$ のときに対応する．したがって，共振周波数は音速を v として

$$f = \frac{v}{\lambda} = \frac{340}{2 \times 0.09} n$$

で求められる．

問3 解答略

第3章　HMMによる音響モデル

問1 MDL，BICやベイズ学習を用いる．
問2 さまざまな雑音を学習データに付加してマルチコンディション学習を行う．

第4章　ディープニューラルネットワーク（DNN）によるモデル

問1 RBMによる事前学習，ReLU関数の採用，L2正則化，Dropout法など．
問2 類似の音素体系をもつ言語間や学習データベースが小さい場合に効果が期待できる．

第5章　単語音声認識と記述文法に基づく音声認識

問 (A)の文法の場合
$$-0.25 \times \log_2(0.25) \times 4 = 2 \text{ [b.t]}$$
(B)の文法の場合
$$-0.1 \times \log_2(0.1) - 0.3 \times \log_2(0.3) - 0.05 \times \log_2(0.05)$$
$$-0.05 \times \log_2(0.05) - 0.5 \times \log_2(0.5) > 2 \text{ [bit]}$$

第6章　統計的言語モデル

問1 (1) $P_{ML}(w)$ は次のようになる．

w	w_1	w_2	w_3	w_4	w_5	w_6
$P_{ML}(w)$	0.17	0.08	0.21	0.17	0.26	0.11

したがって，テストセットパープレキシティを PP とすると
$$\log_2 PP = -\frac{1}{10}(1\log_2 0.17 + 2\log_2 0.08 + 2\log_2 0.21 + \quad \text{(B.2)}$$
$$3\log_2 0.17 + 2\log_2 0.26 + 0\log_2 0.11)$$
$$= 2.59$$

$PP = 2^{2.59} = 6.02$

(2) それぞれの λ についてのユニグラム確率は，次のようになる．

w	w_1	w_2	w_3	w_4	w_5	w_6
$0.2\,P_{ML}(w) + 0.8/6$	0.167	0.149	0.175	0.167	0.185	0.155
$0.5\,P_{ML}(w) + 0.5/6$	0.168	0.123	0.188	0.168	0.213	0.138
$0.8\,P_{ML}(w) + 0.2/6$	0.169	0.097	0.201	0.169	0.241	0.121

それぞれについて上記の計算をすると，結果は次のようになる．

λ	0.2	0.5	0.8
PP	5.93	5.90	5.94

問2 n 回出現した m 個組みの出現確率の総和を S_n とする．このとき

$$S_n = R_n P_n = R_n \cdot \frac{(n+1)R_{n+1}}{NR_n} = \frac{(n+1)R_{n+1}}{N}$$

したがって

$$R_0 P_0 = 1 - \sum_{N(w_1 \cdots w_N) > 0} P(w_1, \cdots w_n)$$

$$= 1 - \sum_{n=1}^{\infty} S_n$$

$$= 1 - \sum_{n=1}^{\infty} \frac{(n+1)R_{n+1}}{N}$$

ここで

$$\sum_{n=1}^{\infty} n R_n = N$$

を考慮すれば

$$1 - \sum_{n=1}^{\infty} \frac{(n+1)R_{n+1}}{N} = \frac{N - R_1}{N} = \frac{R_1}{N} \qquad (証明終)$$

問3 外国の地名・外国人の人名などで有名でないもの．

第7章 大語彙連続音声認識アルゴリズム

問1 最適解が得られること（認識精度），処理速度（全体・実時間遅れ），メモリ量．

問2 1パスではネットワークに展開できるモデルしか適用できないが，認識結果がリアルタイムに得られる．

問3 一般に，パープレキシティや音響的ミスマッチが大きい困難なタスクほどビーム幅を大きくする．言語モデルの信頼度が高いほど，言語モデル重みは大きくする．また，言語モデル重みが大きいほど，単語挿入ペナルティは小さくする．

問4 解答略

■第8章 音声データベース

問1 以下の二つのメリットがある．

メリット1：大規模データの利用が可能となる．音声認識システムの構築に必要な音声/言語データは膨大であり，共有化によって一つの研究・開発機関では構築できない量のデータを利用可能となる．

メリット2：客観的な性能評価が可能となる．異なる研究・開発機関で開発された二つの音声認識手法を，それぞれの機関独自のデータで評価しては比較ができない．共有しているデータで評価することによって，客観的な比較が可能となる．

問2 音声データ，言語データそれぞれに以下のような付加情報がある．

音声データ
・話者情報（性別，年齢，出身地，職業など）
・音声データ収録環境情報（背景雑音の有無，収録機器など）
・各種音声単位の区切り情報
・発音ラベル（音素・音節ラベル，単語・文のテキストなど）

言語データ
・分野情報（小説，新聞，対話の書起しなど）
・形態素情報（単語分割，品詞，読みなど）
・高次情報（構文情報，意味情報，対訳情報など）

問3 例えば，「新聞記事読み上げ音声データベース（JNAS）」では，利用目的は研究用に限られ，商品を開発することはできない．これらの制限は，データベースに入っているデータの著作権者が複数にわたり（新聞記事テキストの著作権者，テキストの付加情報（読み情報など）の著作権者，音声データの著作権者など），複雑なために生じている．

問4 解答略

参考文献

■第 1 章　音声認識の概要

1) 河原達也：音声対話システムの進化と淘汰—歴史と最近の技術動向—，人工知能学会誌，Vol. 28, No. 1, pp. 45-51（2013）
2) 河原達也：話し言葉の音声認識の進展—議会の会議録作成から講演・講義の字幕付与へ—，メディア教育研究，Vol. 9, No. 1, pp. 1-8（2012）
3) 中村哲：音声翻訳技術概観，電子情報通信学会誌，Vol. 98, No. 8, pp. 702-709（2015）
4) 河原達也，峯松信明：音声情報処理技術を用いた外国語学習支援，電子情報通信学会論文誌，Vol. J96-D, No. 7（2013）

■第 2 章　音声特徴量の抽出

1) 田窪行則，前川喜久雄，窪薗晴夫他：「音声」，岩波講座言語の科学第 2 巻，岩波書店（1998）
2) 三浦種敏監修：「新版　聴覚と音声」，コロナ社（1980）
3) L. R. Rabiner, R. W. Schafer（鈴木久喜　訳）：「音声のディジタル信号処理（上），（下）」，コロナ社（1983）
4) 古井貞煕：「音響・音声工学」，近代科学社（1992）
5) 板倉文忠，斎藤収三：最尤スペクトル推定法を用いた音声情報圧縮，日本音響学会誌，Vol. 27, No. 9, pp. 17-26（1971）
6) B. S. Atal and S. L. Hanauer : Speech Analysis and Synthesis by Linear Prediction of the Speech Wave, Journal of the Acoustic Society of America, Vol. 50, No. 2, pp. 637-655（1971）
7) A. V. Oppenheim : Homomorphic Analysis of Speech, IEEE Trans. of Audio and Electroacoustics, AU-16, No. 2, pp. 221-226（1968）
8) S. B. Davis and P. Mermelstein : Comparison of parametric rep. resentations for monosyllabic word recognition in contiuously

spo. ken sentences, IEEE Trans. Acoustics, Speech, Signal Proc., ASSP-28(4) pp. 357-366(1980)

9) H. Hermansky : Perceptual Linear Predictive {(PLP)} Analysis of Speech, J. Acoustical Society of America, Vol. 87, No. 4, pp. 1738-1752 (1990)

10) S.Furui : Speaker Independent Isolated Word Recognition Using Dynamic Features of Speech Spectrum, IEEE Trans. Acoustics. Signal Proc., ASSP-34(1) pp. 52-59 (1986)

11) B. S. Atal : Effectiveness of Linear Prediction Characteristics of the Speech Wave for Automatic Speaker Identification and Verification, Journal of the Acoustical Society of America, Vol.55, pp. 1304-1312 (1972)

12) L. Lee and R. C. Rose : Speaker Normalization using Efficient Frequency Warping Procedures, Proc. ICASSP, pp. 353-356 (1996)

第3章　HMMによる音響モデル

1) L. R. Rabiner, B-H. Juang（古井貞煕　監訳）:「音声認識の基礎（上），（下）」, NTTアドバンスドテクノロジー（1995）
2) 中川聖一 :「確率モデルによる音声認識」, コロナ社（1988）
3) K. F. Lee : "Automatic Speech Recognition . The Development of the SPHINX system", Kluwer Academic Publishers（1989）
4) M. Gales and S. Young : "Application of Hidden Markov Models in Speech Recognition", now Publishers（2008）
5) 嵯峨山茂樹：音素環境クラスタリングの原理とアルゴリズム，電子情報通信学会技術研究報告，SF87-86, pp. 1-6（1987）
6) J. R. Bellegarda, D. Nahamoo : Tied Mixture Continuous Parameter Models for Large Vocabulary Isolated Speech Recognition, Proc. ICASSP 89, pp. 13-16（1989）

第4章　ディープニューラルネットワーク（DNN）によるモデル

1) G. Hinton, L. Deng, Y. Dong, G. E. Dahl, A. Mohamed, N. Jaitly, A. Senior, V. Vanhoucke, P. Nguyen, T. N. Sainath and

B. Kingsbury : Deep Neural Networks for Acoustic Modeling in Speech Recognition, IEEE Signal Processing Magazine, Vol. 29, No. 6, pp. 82–97 (2012)

2) D. Yu and L. Deng : "Automatic Speech Recognition-A Deep Learning Approach" Springer (2015)

3) 久保陽太郎：音声認識のための深層学習，人工知能学会誌，Vol. 29, No. 1, pp. 62–71 (2014)

4) G. Hinton : Training products of experts by minimizing contrastive divergence, Neural Computation, Vol. 14, No. 8, pp. 1711–1800 (2002)

5) B. Kingsbury : Lattice-based optimization of sequence classification criteria for neural-network acoustic modeling, Proc. IEEE-ICASSP, pp. 3761–3764 (2009)

6) K. Vesely, A. Ghoshal, L. Burget and D. Povey : Sequence-discriminative training of deep neural networks. Proc. Interspeech, pp. 2345–2349 (2013)

7) G. Saon, H. Soltau, D. Nahamoo and M. Picheny : Speaker Adaptation of Neural Network Acoustic Models Using I-Vectors, Proc IEEE-ASRU (2013)

8) O. Abdel-Hamid, A. Mohamed, H. Jiang, L. Deng, G. Penn and D. Yu : Convolutional neural networks for speech recognition, IEEE/ACM Trans. Audio, Speech, Language Process., Vol. 22, No. 10, pp. 1533–1545 (2014)

9) T. N. Sainath, B. Kingsbury, G. Saon, H. Soltau, A. Mohamed, G. Dahl and B. Ramabhadrana : Deep convolutional neural networks for large-scale speech tasks, Neural Networks, Vol. 64, pp. 39–48 (2015)

10) S. Hochreiter and J. Schmidhuber : Long Short-Term Memory, Neural Computation, Vol. 9, No. 8, pp. 1735–1780 (1997)

11) A. Graves, A. Mohamed and G. Hinton : Speech recognition with deep recurrent neural networks. Proc. IEEE-ICASSP, pp. 6645–6648 (2013)

12) A. Graves and N. Jaitly : Towards End-to-End Speech Recognition with Recurrent Neural Networks, Proc. ICML (2014)

13) L. Deng, M. Seltzer, D. Yu, A. Acero, A. Mohamed and G.

Hinton : Binary coding of speech spectrograms using a deep auto-encoder, Proc. Interspeech, pp. 1692-1695 (2010)
14) M. Mimura, S. Sakai and T. Kawahara : Reverberant speech recognition combining deep neural networks and deep autoencoders augumented with phone-class feature, EURASIP J. Advances in Signal Processing, Vol. 2015, No. 62, pp. 1-13 (2015)

■第6章 統計的言語モデル

1) F. Jelinek : Self-Organized Language Modeling for Speech Recognition, in Language Processing for Speech Recognition, pp. 450-506, Mercel Dekker, Inc. (1990)
2) S. M. Katz : Estimation of probabilities from sparse data for language model component of a speech recognizer, IEEE Trans. ASSP, Vol. 35, pp. 400-401 (1987)
3) P. R. Clarkson and R. Rosenfeld : Statistical Language Modeling Using the CMU-Cambridge Toolkit, in Proc. ESCA Eurospeech, pp. 2707-2710 (1997)
4) H. Ney, U. Essen and R. Kneser : On structuring probabilistic dependences in stochastic language modelling, Computer Speech and Language, Vol. 8, No. 1, pp. 1-38 (1994)
5) I. H. Witten and T. C. Bell : The zero-frequency problem : Estimating the proba. bilities of novel events in adaptive text compression, IEEE Trans. Information Theory, Vol. 37, No. 4, pp. 1085-1094 (1991)
6) F. Jelinek and R. L. Mercer : Interpolated estimation of markov source parame. ters from sparse data, Pattern Recognition in Practice, pp. 381-397, ed. E. S. Gelsema, L. N. Kanal, North-Holland (1980)
7) R. Rosenfeld : A maximum entropy approach to adaptive statistical language modelling, Computer Speech and Language, Vol. 10, No. 3, pp. 187-228 (1996)
8) K. Seymore and R. Rosenfeld : Scalable backoff language models, in Proc. ICSLP, pp. 232-235 (1996)
9) J. Ueberla : Analysing a simple language model. some general

conclusion for language models for speech recognition, Computer Speech and Language, Vol. 8, No. 2, pp. 153-176（1994）

10) Y. Bengio, R. Ducharme, P. Vincent and C. Janvin: A neural probabilistic language model, Journal of Machine Learning Research, Vol. 3 pp. 1137-1155（2003）

11) T. Mikolov, M. Karafiat, L. Burget, J. Cernocky and S. Khudanpur: Recurrent Neural Network Based Language Model, Proc. INTERSPEECH, pp. 1045-1048（2010）

12) T. Mikolov, I. Sutskever, K. Chen, G. Corrado and J. Dean: Distributed Representations of Words and Phrases and their Compositionality, Proc. NIPS, pp. 3111-3119（2013）

13) 伊藤克亘，伊藤彰則，宇津呂武仁，河原達也，小林哲則，清水徹，田本真詞，荒井和博，峯松信明，山本幹雄，竹沢寿幸，武田一哉，松岡達雄，鹿野清宏：大語彙日本語連続音声認識研究基盤の整備——学習・評価テキストコーパスの作成——，情報処理学会音声言語情報処理研究会資料，Vol. 97，No. 18-2，pp. 7-12（1997）

14) 荻野紫穂：リストのラベルとして使われる丸括弧とリストの範囲，計量国語学，Vol. 19, No. 4（1994）

第7章　大語彙連続音声認識アルゴリズム

1) S. J. Young: A review of large-vocabulary continuous-speech recognition, IEEE Signal Proc, Vol. 13, No. 5, pp. 45-57（1996）

2) H. Ney and S. Ortmanns: Dynamic programming search for continuous speech recognition, IEEE Signal Proc, Vol. 16, No. 5, pp. 64-83（1999）

3) N. Deshmukh, A. Ganapathiraju and J. Picone: Hierarchical search for large vocabulary speech recognition, IEEE Signal Proc, Vol. 16, No. 5, pp. 84-107（1999）

4) 河原達也：探索アルゴリズム——A*探索を中心に——，電子情報通信学会技術研究報告，SP92-36（1992）

5) J. J. Odel, V. Valtchev, P. C. Woodland and S. J. Young: A one pass decoder design for large vocabulary recognition, Proc. ARPA Human Language Technology Workshop, pp. 405-410（1994）

6) H. Murveit, J. Butzberger, V. Digalakis and M. Weintraub : Large-vocabulary dictation using SRI's DECIPHER speech recognition system : Progressive search techniques, Proc. IEEE-ICASSP, Vol. 2, pp. 319-322 (1993)

7) L. Nguyen, R. Schwartz, F. Kubala and P. Placeway : Search algorithms for software-only real-time recognition with very large vocabularies, Proc. ARPA Human Language Technology Workshop, pp. 91-95 (1993)

8) L. R. Bahl, S. V. de Gennaro, P. S. Gopalakrishman and R. L. Mercer : A fast approximate acoustic match for large vocabulary speech recognition, IEEE Trans. Speech Audio Proc., Vol. 1, No. 1, pp. 59-67 (1993)

9) 西村雅史, 伊東伸泰 : 単語を認識単位とした日本語ディクテーションシステム, 電子情報通信学会論文誌, Vol. J81-DII, No. 1, pp. 10-17 (1998)

10) P. S. Gopalakrishnan, L. R. Bahl and R. L. Mercer : A tree search strategy for large-vocabulary continuous speech recognition, Proc. IEEE-ICASSP, pp. 572-575 (1995)

11) 李晃伸, 河原達也 : 大語彙連続音声認識エンジン Julius における A*探索法の改善, 情報処理学会研究報告, 99-SLP-27-5 (1999)

12) R. Schwartz and S. Austin : A comparison of several approximate algorithms for finding multiple (N-best) sentence hypotheses, In Proc. IEEE-ICASSP, pp. 701-704 (1991)

13) H. Ney and X. Aubert : A word graph algorithm for large vocabulary continuous speech recognition, In Proc. ICSLP, pp. 1355-1358 (1994)

14) F. K. Soong and E. F. Huang : A tree-trellis based fast search for finding the {N} best sentence hypotheses in continuous speech recognition, In Proc. EEE. ICASSP, pp. 705-708, (1991)

15) L Mangu, E Brill and A Stolcke : Finding consensus in speech recognition : word error minimization and other applications of confusion networks, Computer Speech & Language Vol. 14, No. 4, pp. 373-400 (2000)

16) 河原達也, 松本真治, 堂下修司 : 単語対制約をヒューリスティックとする A*探索に基づく会話音声認識, 電子情報通信学会論文

誌, Vol. J77-DII, No. 1, pp. 1-8（1994）
17) 李晃伸, 河原達也, 堂下修司：単語トレリスインデックスを用いた段階的探索による大語彙連続音声認識, 電子情報通信学会論文誌, Vol. J82-DII, No. 1, pp. 1-9（1999）
18) T. Hori, C. Hori, Y. Minami and A. Nakamura: Efficient WFST-based One-pass Decoding with On-the-Fly Hypothesis Rescoring in Extremely Large Vocabulary Continuous Speech Recognition, IEEE Trans. Audio, Speech & Language Processing, Vol. 15, No. 4, pp. 1352-1365（2007）

第8章 音声データベース

1) W. N. Francis and H. Kutera: "A standard corpus of present-day edited American English, for use with digital computers", Brown University（1964）
2) 松井知子, 内藤正樹, Harald Singer, 中村篤, 匂坂芳典：地域や年齢的な広がりを考慮した大規模な日本語音声データベース, 日本音響学会秋季研究発表会講演論文集 I, pp. 169-170（1999）
3) 小林哲則, 板橋秀一, 速水悟, 竹澤寿幸：小特集——出揃った音声データベース——, 日本音響学会誌, Vol. 48, No. 12, pp. 876-905（1992）
4) 竹沢寿幸, 末松博：音声・テキストコーパスとその構築技術, 標準化動向, 人工知能学会誌, Vol. 10, No. 2, pp. 168-180（1995）
5) ビー・エス・データ(株)編集：特集：音声データベース, 人文学と情報処理, No. 12, 勉誠社（1996）
6) 竹澤寿幸：音声コーパスの構築と利用, 1997年度人工知能学会全国大会（第11回）, S3-01, pp. 48-51（1997）
7) Shuichi Itahashi: On recent speech corpora activities in Japan, The Journal of the Acoustical Society of Japan(E), Vol. 20, No. 3, pp. 163-169（1999）
8) M. P. Marcus, B. Santorini, M. A. Marcinkiewicz: Building a large annotated corpus of English : the Penn Treebank, Computational Linguistics, Vol. 19, No. 2, pp. 313-330（1993）
9) 武田一哉, 伊藤克亘, 松岡達雄, 竹沢寿幸, 鹿野清宏：大語彙連続音声認識研究のためのテキストデータ整備, 情報処理学会研

報告, 96 -SLP-11-9, Vol. 96, No. 55, pp. 49-54 (1996)
10) 板橋秀一, 山本幹雄, 竹沢寿幸, 小林哲則：日本音響学会新聞記事読み上げ音声コーパスの構築, 日本音響学会平成9年度秋季研究発表会講演論文集, 2-Q-36, Vol. I (1997)
11) Katunobu Itou, Mikio Yamamoto, Kazuya Takeda, Toshiyuki Takezawa, Tatsuo Matsuoka, Tetsunori Kobayashi, Kiyohiro Shikano and Shuichi Itahashi : JNAS: Japanese speech corpus for large vocabulary continuous speech recognition research, The Journal of the Acoustical Society of Japan(E), Vol. 20, No. 3, pp. 199-206 (1999)
12) 伊藤克亘, 伊藤彰則, 宇津呂武仁 河原達也, 小林哲則, 清水徹, 田本真詞, 荒井和博, 峯松信明, 山本幹雄, 竹沢寿幸, 武田一哉, 松岡達雄, 鹿野清宏：大語彙日本語連続音声認識研究基盤の整備――学習・評価テキストコーパスの作成――, 情報処理学会音声言語情報処理研究会資料, Vol. 97, No. 18-2, pp. 7-12 (1997)
13) 国立国語研究所編：日本語話し言葉コーパスの構築法, 国立国語研究所報告, No. 124 (2006)
14) D. Pearce and H. Hirsch : The AURORA experimental framework for the performance evaluation of speech recognition systems under noisy conditions, Proc. ICSLP, Vol. 4, pp. 6160-6163 (2000)
15) 藤本雅清, 武田一哉, 中村哲. CENSREC-2：実走行車内における連続数字音声データベースと評価環境の構築. 情報処理学会研究報告, 2006-SLP-60-3 (2006)
16) 藤本雅清, 中村哲, 武田一哉, 黒岩眞吾, 山田武志, 北岡教英, 山本一公, 水町光徳, 西浦敬信, 佐宗晃, 宮島千代美, 遠藤俊樹：実走行車内単語音声データベースCENSREC-3と共通評価環境の構築. 情報処理学会研究報告, 2005-SLP-55-8 (2005)

第9章　音声認識システムの実現例

1) 河原達也, 李晃伸, 小林哲則, 武田一哉, 峯松信明, 伊藤克亘, 伊藤彰則, 山本幹雄, 山田篤, 宇津呂武仁, 鹿野清宏：日本語ディクテーション基本ソフトウェア（97年度版）の性能評価, 情報処理学会研究報告, SLP-21-10, NL-125-12 (1998)
2) T. Kawahara, A. Lee, T. Kobayashi, K. Takeda, N. Minematsu, S.

Sagayama, K. Itou, A. Ito, M. Yamamoto, A. Yamada, T. Utsuro and K. Shikano : Free software toolkit for Japanese large vocabulary continuous speech recognition, Proc. ICSLP, Vol. 4, pp. 476–479, 2000.

3) 河原達也，李晃伸，小林哲則，武田一哉，峯松信明，嵯峨山茂樹，伊藤克亘，伊藤彰則，山本幹雄，山田篤，宇津呂武仁，鹿野清宏：日本語ディクテーション基本ソフトウェア（99年度版），日本音響学会誌，Vol. 57, No. 3, pp. 210–214（2001）

4) A. Lee, T. Kawahara and K. Shikano : Julius–an open source real-time large vocabulary recognition engine, Proc. EUROSPEECH, pp. 1691–1694（2001）

5) 河原達也，武田一哉，伊藤克亘，李晃伸，鹿野清宏，山田篤：連続音声認識コンソーシアムの活動報告及び最終版ソフトウェアの概要，電子情報通信学会技術研究報告，SP2003-169, NLC2003-106（SLP-49-57）（2003）

6) T. Kawahara, A. Lee, K. Takeda, K. Itou and K. Shikano : Recent progress of open-source LVCSR engine Julius and Japanese model repository, Proc. INTERSPEECH, pp. 3069–3072（2004）

7) 河原達也，李晃伸：連続音声認識ソフトウエアJulius，人工知能学会誌，Vol. 20, No. 1, pp. 41–49（2005）

8) A. Lee and T. Kawahara : Recent development of open-source speech recognition engine Julius, Proc. APSIPA ASC, pp. 131–137（2009）

9) T. Moriya, T. Tanaka, T. Shinozaki, S. Watanabe and K. Duh : Automation of System Building for State-of-the-art Large Vocabulary Speech Recognition Using Evolution Strategy, Proc. IEEE ASRU（2015）

10) D. Povey, A. Ghoshal, G. Boulianne, L. Burget, O. Glembek, N. Goel, M. Hannemann, P. Motlicek, Y. Qian, P. Schwarz, J. Silovsky, G. Stemmer and K. Vesely : The Kaldi Speech Recognition Toolkit, Proc. IEEE ASRU（2011）

11) 秋田祐哉，三村正人，河原達也：会議録作成支援のための国会審議の音声認識システム，電子情報通信学会論文誌，Vol. J93-D, No. 9, pp. 1736–1744（2010）

12) 河原達也：議会の会議録作成のための音声認識―衆議院のシステ

参考文献

ムの概要—,情報処理学会研究報告,SLP-93-5(2012)
13) T. Kawahara: Transcription system using automatic speech recognition for the Japanese Parliament (Diet), In Proc. AAAI/IAAI (2012)
14) 秋田祐哉,三村正人,河原達也:音声認識を用いた講義・講演の字幕作成・編集システム,情報処理学会研究報告,SLP-108-2 (2015)

索　引

ア　行

アシスタントソフト　　　4

ウィッテン・ベル法　　　92
後ろ向き確率　　　43

枝刈り　　　116, 119
エンベロープサーチ　　　118

重み付き有限状態トランスデューサ
　129
音声検索　　　4
音声コーパス　　　133
音声対話コーパス　　　139
音声データベース　　　9
音素　　　2
音素環境依存モデル　　　115, 124
音素内タイドミクスチャモデル　　　53
音素バランス単語　　　135
音素バランス文　　　135
音素文脈　　　49

カ　行

学習率　　　64
確率的勾配降下法　　　64
カットオフ　　　95

木構造化　　　78, 120, 121
木構造化辞書　　　121, 122

教師なし適応　　　2, 55

グッド・チューリング法　　　90
クラスNグラム　　　97
クロスエントロピー　　　63

形態素　　　107
形態素解析　　　106
系列識別学習　　　67
ケプストラム　　　20
ケプストラム係数　　　21
ケプストラム平均除去　　　25
言語データコンソーシアム　　　139
言語モデル重み　　　125
言語モデル語彙　　　96

語彙　　　80, 137
語彙サイズ　　　2
語彙の制限　　　95
勾配消失問題　　　65
語学学習支援　　　6
コーパス　　　133
コマンド入力　　　4
混合正規分布　　　48

サ　行

最大エントロピー法　　　88, 94
再配分　　　89
最尤近似　　　120, 128
最尤推定　　　8, 88

索引

最尤パス　　37
最良優先探索　　118
削除補間法　　93
サブワード　　7

シグモイド関数　　61
自己相関関数　　18
辞書　　137
事前学習　　65
シソーラス　　137
実環境　　3
自発的音声　　135
終端記号　　82
出力確率　　32
出力信号系列　　34
使用環境　　2
状態系列　　34
状態停留確率　　34
新聞記事読上げ音声データベース　　140

スタックデコーディング　　118

正規分布　　40
正規文法　　82
制限付きボルツマンマシン　　65
生成モデル　　7
正則化　　66
声道長正規化　　27
絶対法　　91
遷移確率　　33
線形補間　　88, 92
線形予測分析　　16
全極型　　13
線形法　　91

双曲線正接関数　　61
挿入ペナルティ　　125

タ 行

対角共分散行列　　48
大語彙連続音声認識　　115
タイドミクスチャ型　　53
タグ付きコーパス　　136
タグ付け　　134
多次元正規分布　　47
単語グラフ　　120, 122, 127
単語コンフュージョンネットワーク　　126
単語対近似　　120, 127, 128
探索アルゴリズム　　116

調音器官　　11
調音結合　　24
調音フィルタ　　12

ディスカウント　　89
ディクテーション　　3
テキストコーパス　　133
テストセットパープレキシティ　　99
デノイジングオートエンコーダ　　73
デルタケプストラム　　25
電話応答装置　　4

統計的言語モデル　　87
動的特徴　　25
トライグラム　　88
トライフォン　　8, 49
トレリス　　127

ナ 行

日本音響学会音声データベース調査研究委員会　　139, 140
日本語話し言葉コーパス　　141
認識対象語彙　　96

ネットワーク文法　　82

ハ 行

バイグラム	88
バックオフ平滑化	89
バックプロパゲーション	63
バックポインタ	37
発声スタイル	2
発話単位	134
ハニング窓	15
パブリックスピーキング	5
ハミング窓	15
パラレルコーパス	137
非終端記号	82
ビタビアルゴリズム	38
ビタビ系列	38
ビームサーチ	118
ヒューリスティック	118
ファーストマッチ	117
フィードフォワード型	59
フィルタバンク	23
不特定話者	1
ブラウンコーパス	133
プーリング	69
フレーム同期	118
プレーンテキスト	136
分析済みコーパス	137
文法	80
分類木	51
平滑化	88
ベイズ則	7
ヘルドアウトデータ	93
方言音声コーパス	138
補正パープレキシティ	99
ボトルネック特徴量	60

マ 行

前向き確率	43
マルチパス	117, 125
マイニング	6
ミニバッチ	64

ヤ 行

ユニグラム	88
ヨーロッパ言語資源協会	139

ラ 行

ラベル付け	134, 135
リカレントニューラルネットワーク	71, 101
離散時間フーリエ変換	15
離散フーリエ変換	15
連結学習	47
連続音声認識	80
朗読音声	135
ロボット	5

ワ 行

話者学習適応	55
話者適応	68

英数字

A*探索	119
ATIS コーパス	138
AURORA	143

索引

CALLHOME　　138
CD法　　66
CENSREC　　143
CMS　　25, 27
CNN　　68
CSJ　　141, 146, 148

DAE　　73
DNN　　8, 59, 60
Dropout法　　66

ELRA　　139
EMアルゴリズム　　38, 92

fMLLR　　55

GMM　　8

HMM　　8

i-vector　　68

JNAS　　140, 146, 147
Julius　　145

LDC　　139
LPC分析　　16
LSTM　　71, 101

MAP適応　　54
MCE学習　　56

MFCC　　23
MLLR適応　　55
MMI学習　　56
MPE学習　　57

Nグラム　　7, 87, 116
Nベスト候補　　120, 26
Nベスト探索　　122
NAB　　138

PLPパラメータ　　24
PTM　　53

RBM　　65
ReLU関数　　61
RMコーパス　　138
RNN　　7, 71, 101

SAT　　55
SGD　　64
softmax関数　　61
SWITCHBOARD　　138

TIMITコーパス　　137

VTLN　　27

WFST　　129
word embedding　　101
word2vec　　101

- 本書の内容に関する質問は，オーム社書籍編集局「(書名を明記)」係宛に，書状またはFAX(03-3293-2824)，E-mail(shoseki@ohmsha.co.jp)にてお願いします．お受けできる質問は本書で紹介した内容に限らせていただきます．なお，電話での質問にはお答えできませんので，あらかじめご了承ください．
- 万一，落丁・乱丁の場合は，送料当社負担でお取替えいたします．当社販売課宛にお送りください．
- 本書の一部の複写複製を希望される場合は，本書扉裏を参照してください．

IT Text
音声認識システム (改訂2版)

平成13年 5月15日　　第 1 版第1刷発行
平成28年 9月15日　　改訂2版第1刷発行

編 著 者　河原達也
発 行 者　村上和夫
発 行 所　株式会社 オーム社
　　　　　郵便番号　101-8460
　　　　　東京都千代田区神田錦町 3-1
　　　　　電話　03(3233)0641(代表)
　　　　　URL　http://www.ohmsha.co.jp/

© 河原達也 2016

印刷　美研プリンティング　　製本　協栄製本
ISBN978-4-274-21936-8　Printed in Japan

IT Text シリーズ　　　　　　　　　　　　　　情報処理学会 編集

情報通信ネットワーク
阪田史郎・井関文一・小高知宏・甲藤二郎・菊池浩明・塩田茂雄・長 敬三　共著　　■ A5判・228頁・本体2800円【税別】

■ 主要目次
情報通信ネットワークとインターネット／アプリケーション層／トランスポート層／ネットワーク層／データリンク層とLAN／物理層／無線ネットワークと移動体通信／ストリーミングとQoS制御／ネットワークセキュリティ／ネットワーク管理

情報と職業（改訂2版）
駒谷昇一・辰己丈夫　共著　　■ A5判・232頁・本体2500円【税別】

■ 主要目次
情報社会と情報システム／情報化によるビジネス環境の変化／企業における情報活用／インターネットビジネス／働く環境と労働観の変化／情報社会における犯罪と法制度／情報社会におけるリスクマネジメント／明日の情報社会

コンピュータアーキテクチャ
内田啓一郎・小柳 滋　共著　　■ A5判・232頁・本体2800円【税別】

■ 主要目次
概要／命令セットアーキテクチャ／メモリアーキテクチャ／入出力アーキテクチャ／プロセッサアーキテクチャ／命令レベル並列アーキテクチャ／ベクトルアーキテクチャ／並列処理アーキテクチャ

オペレーティングシステム
野口健一郎　著　　■ A5判・240頁・本体2800円【税別】

■ 主要目次
オペレーティングシステムの役割／オペレーティングシステムのユーザインタフェース／オペレーティングシステムのプログラミングインタフェース／オペレーティングシステムの構成／入出力の制御／ファイルの管理／プロセスとその管理／多重プロセス／メモリの管理／仮想メモリ／ネットワークの制御／セキュリティと信頼性／システムの運用管理／オペレーティングシステムと性能／オペレーティングシステムと標準化

データベース
速水治夫・宮崎収兄・山崎晴明　共著　　■ A5判・196頁・本体2500円【税別】

■ 主要目次
データベースの基本概念／データベースのモデル／関係データベースの基礎／リレーショナルデータベース言語SQL／データベースの設計／トランザクション管理／データベース管理システム／データベースシステムの発展

コンパイラとバーチャルマシン
今城哲二・布広永示・岩澤京子・千葉雄司　共著　　■ A5判・224頁・本体2800円【税別】

■ 主要目次
コンパイラの概要／コンパイラの構成とプログラム言語の形式的な記述／字句解析／構文解析／中間表現と意味解析／コード生成／最適化／例外処理／コンパイラと実行環境の連携／動的コンパイラ

アルゴリズム論
浅野哲夫・和田幸一・増澤利光　共著　　■ A5判・242頁・本体2800円【税別】

■ 主要目次
アルゴリズムの重要性／探索問題／基本的なデータ構造／動的探索問題とデータ構造／データの整列／グラフアルゴリズム／文字列のアルゴリズム／アルゴリズム設計手法／近似アルゴリズム／計算複雑さ

Java基本プログラミング
今城哲二　編／布広永示・マッキン ケネスジェームス・大見嘉弘　共著　　■ A5判・248頁・本体2500円【税別】

■ 主要目次
Javaプログラミングの概念／Javaプログラムの基礎／基本制御構造と配列／メソッドの定義と利用／基本的なアルゴリズム／クラスの定義と利用／例外処理／ファイル処理／データ構造

もっと詳しい情報をお届けできます。
◎書店に商品がない場合または直接ご注文の場合も右記宛にご連絡ください。

ホームページ　http://www.ohmsha.co.jp/
TEL／FAX　TEL.03-3233-0643　FAX.03-3233-3440

（本体価格は変更される場合があります）